数据化分析

用数据化解难题，让分析更加有效

林骥◎著

电子工业出版社.
Publishing House of Electronics Industry
北京·BEIJING

内容简介

在大数据时代，我们并不缺少数据，缺少的是利用数据分析的思维和工具去解决实际问题的能力。

数据化分析是运用恰当的方法和工具，对数据进行科学、有效的分析，从而提出有理有据、具有可操作性的建议，以解决现实中的难题。

本书主要介绍了数据分析的 9 种思维、7 种工具、学习方法、基本方法、展现方法、制作数据分析报告的方法，以及数据分析的思维模型。

本书适合所有对数据分析感兴趣的读者阅读，特别是在工作或生活中需要经常跟数据接触的人，如数据分析师、产品经理、运营人员、管理人员、财务人员等。

图书在版编目（CIP）数据

数据化分析：用数据化解难题，让分析更加有效 / 林骥著 . —北京：电子工业出版社，2023.3

ISBN 978-7-121-45008-2

Ⅰ . ①数… Ⅱ . ①林… Ⅲ . ①数据处理 Ⅳ . ① TP274

中国国家版本馆 CIP 数据核字（2023）第 022944 号

责任编辑：王　静　　特约编辑：田学清

印　　刷：天津千鹤文化传播有限公司

装　　订：天津千鹤文化传播有限公司

出版发行：电子工业出版社

　　　　　北京市海淀区万寿路 173 信箱　　　邮编：100036

开　　本：720×1000　　1/16　　印张：15.25　　字数：223 千字

版　　次：2023 年 3 月第 1 版

印　　次：2023 年 4 月第 2 次印刷

定　　价：106.00 元

凡所购买电子工业出版社图书有缺损问题，请向购买书店调换。若书店售缺，请与本社发行部联系，联系及邮购电话：（010）88254888，88258888。

质量投诉请发邮件至 zlts@phei.com.cn，盗版侵权举报请发邮件至 dbqq@phei.com.cn。

本书咨询联系方式：（010）51260888-819，faq@phei.com.cn。

前 言
Foreword

为什么要写这本书

2008 年，作者开始从事数据分析工作，学习运用数据分析的思维和工具，来解决现实世界中的各种难题，并积累了一些数据分析的实战经验。

2012 年，作者给自己起了一个网名叫"数据化分析"，当时的想法是运用恰当的方法和工具，对数据进行科学、有效的分析。

2016 年，作者给"数据化分析"赋予了新的内涵：用数据化解难题，让分析更加有效。"数据化分析"比"数据分析"多了一个"化"字，以突出"化解难题"的作用。数据化分析从收集数据开始，到改善数据，再到分析数据和化解难题，然后又反过来收集更多的数据，形成了一个用数据解决实际问题的增强回路。

　　数据化分析不是把数据收集、整理好就完成任务了，而是需要运用恰当的方法和工具，对数据进行科学、有效的分析，从而提出有理有据、具有可操作性的建议，以解决现实中的难题。

　　在大数据时代，我们并不缺少数据，缺少的是利用数据分析的思维和工具去解决实际问题的能力。掌握数据分析的思维和工具，可以让我们去伪存真、化繁为简，通过现象看本质，找到问题的根本原因，进而睿智地解决问题。

　　为了帮助读者提升利用数据分析的思维和工具解决实际问题的能力，作者把自己十多年的数据分析实战经验总结、分享，并编写了这本书，希望能够对读者有所帮助或启发。

　　作者相信，那些能够对数据进行有效分析的人，在解决实际问题时，能够做出更加明智的决策。

谁适合阅读这本书

　　本书适合所有对数据分析感兴趣的读者阅读，特别是在工作或生活中需要经常跟数据接触的人，如数据分析师、产品经理、运营人员、管理人员、财务人员等。

阅读建议

　　"纸上得来终觉浅，绝知此事要躬行。"

　　建议读者在阅读本书时，不要只是简单地浏览，而是要采用精读或主题阅读的方式，把本书作为参考书或一个引子，主动进行深入的思考，领悟本书中数据分析的脉络，并且学以致用，把数据分析的思维、工具、方法和模型内化为自己的，并应用到日常的工作和生活中，让自己真正长期受益。

　　请读者千万不要局限于专业知识，而要多去了解业务的实际情况，多接触一些其他学科的知识（如经济学、心理学等），也能对工作起到很好的促进作用。

- 数据分析必须结合业务场景才能开展。
- 数据分析必须符合业务目标才有意义。
- 数据分析必须付诸行动才能创造价值。

读者服务

如果读者在阅读本书的过程中有任何问题、意见或建议，敬请进入作者的微信公众号"林骥"，在菜单栏中找到"答疑通道"→"书的答疑"，即可进入本书的专属答疑通道，在这里可以给作者留言，也可以和其他读者一起交流学习。

作者通过该通道可以调整本书中任何需要增补或修改的内容，让本书像一棵树一样不断生长，内容不断完善。

作　　者

目　录
Contents

第 1 章

数据分析思维

● **理解现状：**

   目标思维、对比思维和细分思维。

● **分析原因：**

   溯源思维、相关思维和假设思维。

● **预测未来：**

   逆向思维、演绎思维和归纳思维。

什么是数据分析思维？它由 3 个词语组成：数据、分析、思维。

数据是指客观事物的记录，不仅包括传统的数字，还包括文字、图片、视频等数字化的信息。如今，在手机和计算机等设备中，存储着大量的数据，如果我们能善于使用这些数据，就能帮助我们更好地理解事物的本质，创造更大的价值。

分析是指对事物进行分解、分类和剖析，以便发现事物背后的规律，化解现实中的难题。分析的过程大致分为以下 3 个步骤。

第 1 步：进行分类，指把相同和相似的事物归为一类。

第 2 步：寻找规律，指把类似的事物放到一起，寻找其中的规律。

第 3 步：化解难题，指把找到的规律进行归纳总结，提炼成有用的分析模型，以便更好地化解难题。

其中，进行分类是手段，寻找规律是方法，化解难题是目的。

思维是指人脑对客观事物的概括和间接反映，经过逻辑推理，能够超越事物的个别属性，帮助人们认识到事物的本质和规律，预见事物的发展趋势。

数据分析的思维具有规律性和相对稳定性，掌握这个技能，能够经得起时间的检验，不容易过时，让人受益终身。

一个人如果缺乏数据分析的思维，就容易陷入"只看眼前、表象和局部"的状态。

一个人如果具备数据分析的思维，那么其不仅能够看到事物发展的起因，而且能够看到事物变化的趋势，还能够看清楚事物发展的全局。

为了帮助读者学习运用数据分析的思维，作者总结了数据分析的 9 种思维，如图 1-1 所示。

数据分析的 9 种思维

图 1-1

为了方便理解和记忆，作者把数据分析的 9 种思维分成以下 3 个模块。

第 1 个模块：理解现状，包括 3 种思维，分别如下。

（1）目标思维（Goal-directed thinking）。

（2）对比思维（Antithetical thinking）。

（3）细分思维（Partitional thinking）。

这 3 种思维的英文首字母缩写是 GAP，代表看见现状与目标之间的差距。

第 2 个模块：分析原因，包括 3 种思维，分别如下。

（1）溯源思维（Original thinking）。

（2）相关思维（Relevant thinking）。

（3）假设思维（Supposed thinking）。

这 3 种思维的英文首字母缩写是 ORS，代表洞见更多潜在的可能。

第 3 模块：预测未来，包括 3 种思维，分别如下。

（1）逆向思维（Backward thinking）。

（2）演绎思维（Deductive thinking）。

（3）归纳思维（Inductive thinking）。

这 3 种思维的英文首字母缩写是 BDI，代表预见指数变化的趋势。

数据分析思维的英文是 Data Analytical Thinking，英文首字母缩写是 DAT。我们得到一个重要的公式：

$$DAT = GAP + ORS + BDI$$

从数据中获得有用的信息，从信息中获得有效的知识，从知识中获得有益的智慧，这是一个价值从小到大、难度由易到难的过程，也是发现问题、分析问题和解决问题的过程。如果读者学会正确运用数据分析的 9 种思维，就可以在提升思维能力的过程中，同时提升 3 次认知能力。

数据是原始的、未经处理的事实，不经分析的数据，如同地底下未经开采的石油，存在却没有价值，需要运用数据分析思维，才能把它的价值充分挖掘出来。比如，上海的气温是 39 摄氏度，如果缺乏相关的背景信息，就不知道这个数据想要说明什么。

信息是带有逻辑的数据组合，帮助我们"知其然"。比如，上海的气温是 39 摄氏度，比前一天上升了 6 摄氏度，天气很热。

知识是基于信息的理解，帮助我们"知其所以然"，知道信息背后的原因，从而建立起对世界的正确认知。比如，上海的气温是 39 摄氏度，比前一天上升了 6 摄氏度，天气很热，主要原因是阳光直射到地面。

智慧是预见事物发展的规律，帮助我们见微知著，预测未来，知道哪种选择是最好的，以及知道怎么把知识应用到实际的工作和生活中，做到知行合一。比如，通过天气预报了解明天的天气情况，可以提前做好相应的准备，高温天气要预防中暑。

要想创造更大的价值，必须经过 3 次跃迁。如果跃迁不上去，就很难提升高度。

第 1 次跃迁，是从数据到信息，即从点到线的过程。此时数据像一些零散的拼图，杂乱无章地堆放在一起，如果没有特定的环境，数据本身没什么用。

第 2 次跃迁，是从信息到知识，即从线到面的过程。当数据之间建立联系后，就上升到信息层级，拼图开始显现形状，当两块拼图拼在一起之后，两个点就连成一条线。当我们在某种特定的环境下，对信息进行分组，生成一个更复杂的实体时，就创造了知识，让我们能够从拼图中可以看到更有意义的事物。

第 3 次跃迁，是从知识到智慧，即从面到体的过程。当多块拼图拼在一起时，多条线就组成了一个面。技能像拼图的另一面，如果缺乏知识的引导，盲目地拼拼图，那么结果可能会非常浪费时间，也未必能得到完整的拼图。知识注重的是记忆和理解能力，而技能注重的是动手能力，需要通过实践提升。比如，知道拼图的方法，这属于知识层面，如果能够亲自动手拼完拼图，则属于技能层面。从知道到做到，中间有一道鸿沟。

只有经过 3 次跃迁，才能看到一幅包含立体画面的拼图，形成"点、线、面、体"的共振。一个有智慧的人，通常会从当下的数据"点"出发，找准自己的位置，朝着正确的方向画"线"，获得有用的信息线索，扩大自己的知识"面"，做到知行合一，形成三位一"体"，经过日积月累，就能取得更大的成就。

按照数学的思维逻辑，空间中的点是 0 维的，线是 1 维的，面是 2 维的，体是 3 维的，如果再加上时间的维度，那么时空是 4 维的。在 1 个维度上，最高只有 100 分；在 2 个维度上，如果每个维度各自有 30 分，面积就是

900；在 3 个维度上，如果每个维度各自有 30 分，体积就是 27 000。虽然这些都只是理论上的数字，但是能够说明数据、信息、知识、智慧之间的巨大差异。

事物之间通常都不是孤立存在的，往往存在着千丝万缕的联系。所以，不要局限在一个点或一条线上，而要用 2 维的眼光看问题，进一步把事物放到 3 维中看，上升到用全局的眼光看问题，就能看到事物的整体全貌。如果再加上一个时间轴，就上升到用 4 维动态的眼光看问题。越是面对不确定的世界、高速变化的时代，越要训练数据分析的思维，使自己的思维不断提升，当遇到难题时，就可以发挥出"降维打击"的效果。

一种数据分析思维有时有多种用途，如对比思维可以用来理解现状，也可以用来分析原因，还可以用来预测未来，只是在不同的数据分析场景中，侧重点可能会有所不同。此外，在运用数据分析思维解决实际问题时，往往不是只运用一种思维，而是需要多种思维相互配合。

对擅长数据分析的人来说，在应用数据分析思维时，追求的是实用有效，真正用数据化解现实中的难题，让分析变得更加有效，进而创造更大的价值，而不是追求标新立异的方法。如果不理解现状，就无法聚焦目标；如果不分析原因，就无法追根溯源；如果不预测未来，就无法进行有效的决策。

数据分析思维是运用底层的逻辑，去化解现实中的各种难题。读者如果能用思维驾驭工具，就能更好地掌握工具的应用，在业务中体现出数据的价值，避免成为工具的奴隶或制作报表的机器，制作出一些"数据堆砌式"或"浮于表面式"的数据分析报告。

在日常的工作中，我们可以运用数据分析思维，打造多维竞争力，若能在原来能力的基础上，提升数据分析思维的能力，就能加快自己的成长速度。

学好数据分析思维，告别过去那种主观臆断的决策方式，能够透过现象看到事物的本质，找到问题的根本原因，提升自己的认知水平，避免被收割"认知税"，在面对不确定的未来时，能够找到科学的路径，尽量少走弯路，将对每个人的工作和生活都很有帮助。

　　下面逐一介绍数据分析的 9 种思维，并用一些小故事进行举例说明。

1.1 理解现状

目标思维

麦肯锡有一个解决问题的理论模型，该模型涉及 6 个方面：理解客户需求、分析、汇报、管理、实施和领导力。

- 理解客户需求，是为了明确分析的目标，分析是解决问题的流程。
- 汇报是要让分析的结论产生最大的效果。
- 管理、实施和领导力是要确保问题能够顺利解决。

我们在做事情前，首先需要有一个明确的目标，数据分析工作尤其如此。如果没有明确的目标，那么不仅工作的结果可能没有意义，而且有可能会让人南辕北辙。

比如，有的数据分析师每天重复制作几乎相同的数据报表，却没有对数据进行思考和分析，不知道数据分析的目标是什么，逐渐沦为"制作报表的机器"，让自己的职业前途堪忧。

注意：数据分析的目标不是炫耀技能。

- 有时，看似高深莫测的分析方法，其实未必能解决实际的问题。
- 有时，看似花里胡哨的分析图表，其实没能传递真实有效的信息。
- 有时，看似复杂庞大的分析工具，其实根本用不上，用 Excel 就能轻松解决问题。
- 有时，看似长篇大论的分析报告，其实用简短的一段文字就能说清楚。

只有明确目标，才能不迷失方向。就像使用导航软件，如果你没有设置目的地，它就无法告诉你准确的路线。

> **注意：** 做数据分析的过程，是一个不断探索目标和帮助业务完成目标的过程。无论运用哪种数据分析工具，都不要忘记数据分析的目标，养成"以终为始"的习惯，这一点尤为重要。

既然目标如此重要，那么应该如何明确数据分析的目标呢？

下面介绍明确数据分析的目标的 3 种方法。

（1）正确地定义问题。

有人说："正确地定义问题，比解决问题重要 100 倍。"

在解决问题之前，要认清问题的本质。如果问题的本质定义错误，那么解决问题的方向可能不对。

比如，小明在听了"煎饼摊主一个月收入 3 万元"的故事后，心里就想："为什么煎饼摊主一个月收入可以达到 3 万元呢？"

对于这个问题，应该关注的是"一个月收入 3 万元"，而不是"煎饼摊主"。

也就是说，小明想的是"如何实现一个月收入 3 万元"，而不是"如何变成煎饼摊主"。

要想实现一个月收入 3 万元的目标，需要更进一步提出正确的问题。比如，买煎饼的客户主要是哪类人？自己能否对客户特征进行画像分析？他们过着怎样的生活？他们有怎样的需求？如何更好地满足他们的需求？

在《学会提问》中，教人们学会提出正确的问题，并通过不断地提问，了解数据分析的目标，验证和分析论证的过程是否合理。

任何一个分析结论，都有约束条件或前置假设，我们只有深刻地理解问题的本质，才能真正地将其理解和掌握。

我们不仅要对看得见的问题提出意见和建议，还要对看不见的问题，包括没有说出来的问题，都要在分析之后，构建一个更合理的推论，从而提升自己的认知。

为了能够让我们的思维变得更加缜密，在分析的过程中，要考虑各个方面的因素，提出各种各样的问题，举例如下。

- 分析的结论是什么？
- 讨论的议题是什么？
- 支持的理由是什么？
- 有没有不可替代的原因？
- 逻辑推理有谬误吗？
- 提供的证据可信度高吗？
- 使用的数据有没有欺骗性？
- 有什么重要信息被省略了吗？
- 分析的结论真的合理可靠吗？

为了避免遗漏重要的问题，我们可以列一个问题清单，按照清单中的顺序依次清晰地抛出问题，引导自己进行深入思考，以确保能够正确地定义问题。

问题是目标与现状之间的差距，而数据分析的目标思维就是通过数据分析的方法消除或缩小这个差距。所以，要解决一个问题，我们要知道目标是什么、现状怎样、为什么有差距、如何消除这个差距。

如果我们有了清晰的目标、知道当前的现状，就更容易找到问题所在，从而有针对性地给出解决方案。可是，很多人的思维方式并不是这样的，他们往往在还没有弄清楚问题是什么的情况下，就急于给出自己的答案。比如，有客户说产品包装太丑了，能不能改一下，请问你应该怎么办？你说我们再找一位设计师，重新设计一个包装。

但事实的情况也许是在 1000 个客户中，只有这 1 个客户说包装丑，其他客户都觉得还挺好看的。你看，现状不一样，问题是不同的，对应的解决方案也不一样。

因此，要解决一个问题首先要弄明白问题到底是什么，先别急着给方案，如果连问题是什么都不知道，那么上哪儿去找答案呢？要在理解业务的基础上，正确地定义问题，将问题描述清楚，知道问题的本质是什么，这是找到正确答案的第一步，也是最重要的一步。

建议读者亲自用心倾听业务的难题与需求，这比看别人给你的二手资料要好得多。因为吃别人嚼过的馒头不仅没有滋味，而且不卫生。通过直接倾听与提问，明确分析的目标，不仅可以让问题变得更加清晰，而且可以让人感受到你的用心，知道你是真的在乎他的业务，真心诚意为他解决问题，从而建立双方的信任感。

（2）合理地分解问题。

在《金字塔原理》中，有一个 MECE（Mutually Exclusive，Collectively Exhaustive，相互独立，完全穷尽）原则，其含义是要做到各个部分之间相互独立，没有重叠或交叉，并且所有部分完全穷尽，没有遗漏。

举一个简单的例子，在做自我介绍时，需要解释"我是谁"，这个问题可以用 MECE 原则进行如下分解。

● 如果按照自己扮演的角色进行划分，那么"我是谁"可以分解成"职场中的我""家庭中的我""作为个人的我"。

● 如果按照时间的维度进行划分，那么"我是谁"可以分解成"过去的我""现在的我""未来的我"。

在明确目标的过程中，要把大问题分解为小问题，并遵循 MECE 原则，即在分类时要做到不重叠、不遗漏。

比如，对于煎饼摊主如何实现一个月收入 3 万元，这是一个大问题，可以进行如下细分。

因为收入 = 订单数 × 单价，订单数和单价是相互独立、完全穷尽的，符合 MECE 原则，所以能把这个问题细分如下。

● 如何实现一个月卖 5000 个煎饼？

● 如何实现平均每个煎饼卖 6 元？

为了更好地理解 MECE 原则，下面以扑克牌为例进行介绍。一副完整的扑克牌，可以按照颜色分为红色、黑色和大、小王，而红色又分为红心和方块，黑色又分为梅花和黑桃。

这样划分是相互独立、完全穷尽的，所以符合 MECE 原则。

再举一个例子，假设小明的学习目标是考试的总成绩达到 260 分，但他实际上只考了 230 分，比目标成绩少了 30 分。小明的问题是如何提高学习成绩，这是一个比较大的问题，需要合理地分解问题。

按照科目进行细分，假设小明这次考试的科目是语文、数学和外语，其他科目不在这次考试的范围之内，小明的目标分别是语文考 90 分、数学考 90 分、外语考 80 分，每个科目的满分都是 100 分，而小明实际的考试成绩分别是语文考了 85 分、数学考了 95 分、外语考了 50 分。通过细分可以发现，原来是外语的考试成绩不理想。

（3）抓住关键的问题。

把问题进行细分以后，可能会变成很多个子问题。

比如，对一家销售型的企业来讲，可能会面临如下问题。

● 如何提高营业利润？

● 如何提高销售额？

● 如何提高订单量？

● 如何提高客单价？

- 如何提高转化率？
- 如何提高流量？
- 如何提升广告效果？
- 如何提高客户重复购买率？
- 如何开发新品？
- 如何节约成本？

……

当问题太多时，不要眉毛胡子一把抓，而要根据业务的实际情况，抓住其中关键的问题。

根据意大利经济学家帕累托的发现，意大利 80% 的土地为 20% 的人口拥有。后来他把这个发现延伸到很多领域，在多数情况下，80% 的结果是由 20% 的原因造成的，故称为"帕累托法则"或"二八法则""二八定律"。

比如，80% 的利润来自 20% 的客户，80% 的销售额来自 20% 的产品，80% 的销售额来自 20% 的员工。

为了集中时间和精力，完成更多、更重要的任务，就要抓住 20% 的关键问题。在进行数据分析时，要留意哪些数据适用于"二八法则"，看看其中隐藏着什么机会。

比如，当发现公司 80% 的销售额都来自 20% 的销售人员时，那么可以深入分析一下，这 20% 的销售人员在哪些方面做得比较好？如何提高另外 80% 的销售人员的工作效率？作为数据分析师，必须确保自己提出的解决方案适合业务发展的需要。

在不同的发展阶段，关键问题是不一样的。

比如，对煎饼摊主来讲，刚开始时，关键问题是如何选择人流量大的好地段。

当选好地段之后，关键问题就变成如何提高路人来购买的概率，以及如何提高客单价。

在运用目标思维的过程中，应遵循 SMART 原则，其中 S、M、A、R、T 这 5 个英文字母的含义分别表示如下。

- Specific：具体的。
- Measurable：可衡量的。
- Attainable：可达到的。
- Relevant：相关的。
- Time-Bound：有时间限制的。

目标就像枪上的瞄准器，如果没有瞄准器，那么枪照样可以打，但是有了瞄准器，枪可以打得更准。

同理，如果数据分析没有目标，那么照样可以做出很多炫目的图表，但是有了目标之后，分析的结果才更有针对性。

把目标思维应用在日常的工作、生活和学习中，可以帮助你校准当下的每个行动，并赋予人生持久的意义感，让你不至于陷入虚无和怀疑自己存在的价值。

每个人都应该努力探索真正的目标，让自己能够朝着某个方向坚定地前进，书写属于自己独特的人生故事。

《目标感》的作者威廉·戴蒙认为，只有当你真心地关切世界上的某个真实需求，想要做点什么来改变现状时，你才算是拥有了一个真正的目标。

对于人生的长期目标，也可以运用数据化分析的方法去规划，以终为始。

比如，假设小明现在 31 岁，他希望活到 100 岁。也就是说，他的生命已经度过了 31%。如果小明经常用全局的视角去思考自己的一生，追随自己的内心，想清楚自己到底想要成为一个什么样的人，意识到时间正在悄无声息地流逝，而且时间是一去不复返的，那么他会更加珍惜自己的宝贵时间，也会更加有动力去做更多更有价值的事情，并愿意主动为自己的人生目标而努力奋斗。

当明确自己的人生目标之后，不要只是停留在脑海中，而要把人生目标写下来，因为这样可以提高行动力，生活也将因此变得更加专注和高效。

如果小明能勇敢地把目标公布出来，并定期进行跟踪和复盘总结，把目标完成率与时间进度进行对比分析，找到差距的根本原因和有效的改进策略，就能明显提高完成目标的可能性。

比如，小明的人生目标是成为让 100 万人受益的作家，目前距离这个目标还很遥远，目标完成率不到 0.01%，但他已经开始努力采取行动，用更加乐观的心态去面对未来可能遇到的困难，做一个长期主义的践行者，养成"要事第一"的习惯，并学会合理分配自己的时间。相信随着时间的积累，将会形成正向的增强回路，产生一种复利的效应。

小明运用目标思维，对人生目标进行分解，把长期目标分解为中期目标，把中期目标分解为短期目标。比如，小明先把人生目标分解为未来 30 年、20 年、10 年的目标，然后分解为未来 5 年、3 年、1 年的目标，接着分解为未来 1 个月、1 周、1 天的目标。

当明确每天的目标之后，不要为已经过去的事懊悔不已，也不要为将来未发生的事担惊受怕，关键是要把握当下的时间，努力采取行动。当然，在行动的过程中，难免会遇到各种各样的困难。此时，需要抓住关键的问题，看影响达到目标的关键因素是什么。比如，是闲聊、刷朋友圈、看短视频的时间太长了，还是工作实在太忙了，或者就是想偷懒。

请用积极乐观的心态面对可能遇到的困难和挑战。不妨尝试调整自己的作息时间，如养成早睡早起的习惯，利用早晨没人打扰的时间完成目标，并把时间的利用情况真实地记录下来，通过数据分析和总结检验目标的合理性和行动的有效性，从而更好地帮助自己做出决策和指导行动。

　　抓住关键的问题意味着需要学会放弃一些不那么重要的事情。在实际中，目标数量与成就成反比，因为每个人的时间、精力和资源都是有限的，如果目标过多，就无法聚焦，也难以取得很大的成就。

　　目标像指南针，为我们提供前进的方向，让我们知道要解的是什么题，并启发我们如何解题。运用目标思维，可以帮我们思考一些重要的问题，让我们在工作中的思路更加清晰，知道自己真正需要什么，这样才能持续提升动力和能力。

　　如果没有目标思维，就会智慧丧失。

　　如果目标不对，就算做再多事，最终也是徒劳无功的。一旦目标错了，我们越努力，结果就越糟糕，可能会发生在错误的方向上一路狂奔的局面，有些人还安慰自己说："我一直都很努力啊"，这是一种遗憾，更是一种悲剧。

　　拥有目标思维的人，在面对困难时会想办法寻找资源，努力克服困难，相信办法总比困难多，这是一种成熟的思维模式。没有目标思维的人，往往把困难放在第一位，认为困难是不可逾越的，结果限制了自己的成长。

　　每个人像汪洋中的一艘船，都需要确定一个目的地，也就是目标。如果没有目标，就容易迷失方向。当有了目标之后，还要有航线，也就是实现目标的计划。如果没有航线，就会感觉比较盲目，有可能要绕一个很大的圈才能到达目的地，导致浪费时间资源。

　　在沿着航线行驶的过程中，你可能会遇到一些风险，如恶劣天气或暗礁等，也就是计划可能赶不上变化。有些外部的环境是难以预料的，此时需要我们见机行事。

　　当行驶了一段距离之后，你可能会发现已经偏离航线，此时要及时确定自己当前的位置，重新调整行驶的方向，而不能任由船继续偏离下去，也就是重新调整计划。

　　有些人一年才做一次定位和纠偏，年初制定目标，年底才发现目标无法实现。有些人在分析目标完成情况时，往往只关注能不能实现目标的结果，却很少关注实现目标的过程。事实上，只有经常关注目标实现的过程，不断地进行纠偏，动态地进行调整，最终得到的结果才不会失控。

目标思维的一个经典应用是 OKR 工作法，OKR 是英文 Objectives and Key Results 的首字母缩写，中文为"目标与关键结果"。OKR 工作法是一套行之有效的目标管理方法和工具，用于明确目标并跟踪目标完成情况，最初是由英特尔传奇 CEO 安迪·格鲁夫发明的，后来被约翰·杜尔推广到各类创业公司，让谷歌、亚马逊实现快速发展，使其逐渐变成一种很流行的目标管理方法。约翰·杜尔把 OKR 工作法的应用心得写成了一本书，书名为《这就是 OKR》。

OKR 工作法与传统的 KPI 有一些区别如下。

关注点不一样：OKR 工作法注重过程管理，更加关注如何确保自己正在朝着目标的方向前进；KPI 注重指标考核，更加关注如何通过考核达成目标的结果。有些公司的 KPI 直接跟绩效考核挂钩，甚至用考核代替管理，导致有人为了多拿钱，可能会想办法改变一些数据。比如，为了冲击月度销售目标，月底产生一些虚假订单，或者一些退货订单拖着不给退货，导致数据不能反映业务的真实情况，让老板以为顺利完成了目标，但实际上业务存在很大的隐患。有些公司的目标设置主要是靠老板决定的，要么目标设置太高，大家都无法完成，不利于激励员工的士气，更不利于建立员工、客户和公司三方共赢的局面；要么目标设置太低，大家都能轻松完成，不利于激发员工的潜能，有可能会导致在激烈的市场竞争中失去发展的机会。

适用场景不同：OKR 工作法适合用于探索性的工作，如数据分析师的工作，需要积极主动地用数据、信息、知识和智慧去探索未知的领域；KPI 适合用于标准化的工作，如数据录入员或数据统计员的工作，需要准确快速地用固定的流程去完成任务。

奖励方式不同：OKR 工作法的目标通常不与奖励直接挂钩，而 KPI

的目标往往与奖励有关。要警惕一些"有毒"的数据指标，如可能会导致重大风险的收入、项目亏损的收入、无法收回的利润、"消失"的现金等，这些数据指标以牺牲公司的可持续发展为代价，可能短期内确实完成目标了，但长期看是有害的。

应用 OKR 工作法的一般步骤如下。

第一步确定目标周期：如月度 OKR、季度 OKR 或年度 OKR。

第二步设定关键目标：设定少量关键的目标，数量建议不超过 5 个，做到少而精。

第三步明确关键结果：把目标分解为 3 到 5 个关键结果，明确具体的任务。关键结果要想办法量化，不能量化的要尽可能细化，不能细化的要尽可能流程化。

第四步在内部公开目标：当确定 OKR 之后，要在团队内部公开，让团队成员之间都知道彼此的 OKR，相当于每个人都做了一个公开的承诺，促进大家互相配合、监督，降低沟通的成本，从而更好地达成各自的目标。

第五步评估目标的进度：根据实际完成关键结果的情况进行评估打分，评估环节应聚焦在执行过程和失败原因，以便在后续的行动中加以改进。

实现目标需要消耗能量，能量的单位是"卡路里"，在运用目标思维时，可以问自己以下几个问题。

- 卡点：影响完成目标的卡点有哪些？
- 路径：突破卡点的关键路径是什么？
- 里程碑：完成目标的里程碑有哪些？

卡点让你思考可能会卡在哪里，路径让你思考突破卡点的方法是什么，里程碑让你思考怎样证明自己取得了阶段性的成功。当你想清楚这些问题之后，你的目标更容易落地，干活也更加有动力。

运用好目标思维要知道目标是什么，也要知道为什么设立这样的目标，还要知道将来应该怎么办。

总之，在运用目标思维的过程中，既要注意避免目标与行动计划脱节，又要注意避免目标与资源配置脱节，还要注意避免行动计划与资源配置脱节。我们不能在设立好目标之后，就束之高阁，行动计划没有跟着变，需要投入哪些资源也不知道，造成目标能否实现只能听天由命的局面。在完成目标的路上，没有捷径，需要有合适的指导思想和方法论，还需要持续付出巨大的努力，真诚地对待自己，并学会善待他人。

对比思维

有人说："没有对比，就没有伤害"。

在数据分析中，没有对比，往往就没有分析结论。

在人们日常的工作和生活中，对比思维其实是随处可见的。

比如，小明某次期末考试的成绩不好，英语只考了 30 分，小明的妈妈对他说："你上次考试英语考了 70 分，这次怎么考得这么差？你看你的同班同学，这次都考了 80 分以上。"

从这个例子中可以看出，对比通常有如下两个方向。

● 一个是纵向的，指不同时间的对比，如将小明上次考试的成绩与这次进行对比。

● 一个是横向的，指与同类对比，如与小明的同班同学进行对比。

运用对比思维，最重要的就是以下 2 点。

● 比什么？

● 和谁比？

为了展示对比思维在实践中的运用，下面通过一个案例来说明。

假设有一家零售企业，该企业 2020 年 9 月的销售额是 110 万元，有如下 5 种常见的对比思维来对它进行数据分析。

（1）与目标对比。

把 2020 年 9 月的销售额与目标进行对比：2020 年 9 月的销售目标是
100 万元，目标完成率为 110%，超额完成任务目标，从整体来看完成得很好，
如图 1-2 所示。

2020 年 9 月，销售目标完成率为 110%

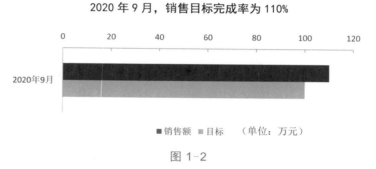

图 1-2

（2）与上个月对比。

把 2020 年 9 月的销售额与上个月的销售额进行对比：2020 年 8 月的
销售额是 95 万元，2020 年 9 月的销售额环比增加 15.8%，呈现增长的态势，
如图 1-3 所示。

2020 年 9 月，销售额环比增加 15.8%

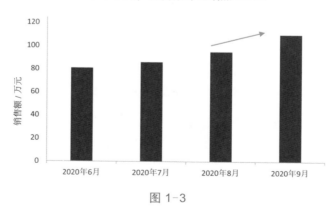

图 1-3

（3）与去年同期对比。

为了进一步了解销售的态势，把 2020 年 9 月的销售额与去年同期进

行对比：2019 年 9 月的销售额是 55 万元，2020 年 9 月的销售额同比增加 100%，实现翻一番，如图 1-4 所示。

2020 年 9 月，销售额同比增加 100%

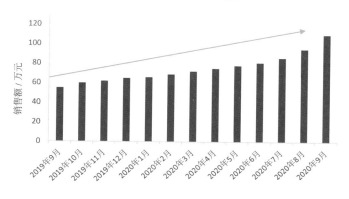

图 1-4

（4）分渠道对比。

还可以分渠道进行对比：该企业有 A、B、C3 种销售渠道，虽然 2020 年 9 月整体销售额合计是超额完成目标的，但是渠道 C 并没有完成销售目标，应该予以重点关注，并进一步分析原因，如图 1-5 所示。

2020 年 9 月，渠道 C 没有完成销售目标

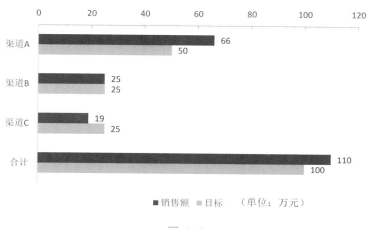

图 1-5

（5）与同类对比。

把渠道 C 与同类进行对比，寻找它没有完成销售目标的原因。在进行同类对比时，指标的选择要更加慎重，通常用体现效率的指标更加合适，下面采用人均销售额来进行对比。

渠道 C 的人均销售额是 5 万元，而行业平均销售额是 7 万元，渠道 C 的人均销售额较低，不仅低于企业内部的其他销售渠道，而且低于其他同类企业的平均水平，这是它没有完成销售目标的主要原因。所以，要想方设法提升渠道 C 的人均销售额，如图 1-6 所示。

渠道 C 的人均销售额低于行业平均水平

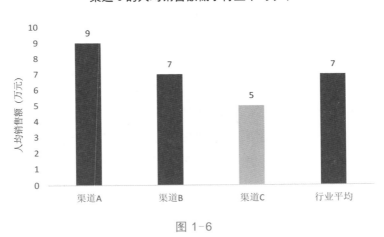

图 1-6

想要做好数据分析，首先需要学会对比，因为没有对比，就不知道好坏；不知道好坏，也就不知道下一步应该如何行动。

数据分析的对比思维有很多种，其中比较常见的是与目标对比、与上个月对比、与去年同期对比和分渠道对比。

在条件允许的情况下，除了内部数据之间的对比，还应该与外部数据进行对比。比如，与同类企业进行对比，与行业的平均水平进行对比。

在进行对比之前，要确保指标具有可比性，对比对象要具有相似性，还要让量纲保持一致。比如，身高的单位是厘米，体重的单位是千克，它们属于不同的计量单位，不能拿 A 的身高 180 厘米，与 B 的体重 80 千克进行对比。单从数字上来看，180 比 80 大，但是它们之间的对比没有意义。

当拿到一个数据之后，可以用不同的方法进行对比，先观察在时间趋势下的波动情况，是突然的大幅波动，还是在正常范围内的小幅波动。然后按照不同的渠道进行细分，观察不同渠道的数据差异情况。还可以根据市场环境等情况，对同行其他竞争对手的数据进行数据分析。

数据分析就是在明确目标之后，通过对比等思维找到问题的原因，得出分析的结论，提出可行的建议，进而起到帮助决策和指导行动的作用。

在实际的工作中，有很多人不懂得如何正确运用对比思维，只是听老板说要对比分析一下就开始收集数据，在不了解业务的背景、不知道数据的准确性、不清楚统计口径含义的情况下进行对比分析，分析得出的结论也经不起推敲，难以让人信服。

德国作家布鲁德·克里斯蒂安斯写过一篇微型小说《差别》，在该小说中，有两个同龄的年轻人同时被雇于一家店铺，并且拿同样的薪水。

可是一段时间之后，叫阿诺德的年轻人青云直上，而叫布鲁诺的年轻人仍在原地踏步。布鲁诺很不满意老板的不公正待遇，终于有一天他到老板那儿发牢骚了，老板一边耐心地听着他的抱怨，一边在心里盘算着怎样向他解释清楚他和阿诺德之间的差别。

"布鲁诺先生"老板开口说话了，"您到集市上去一下，看今天早上有什么卖的。"

布鲁诺从集市上回来后向老板汇报说："现在集市上只有一个农民拉了一车土豆在卖"。

"有多少？"老板问。

布鲁诺赶快戴上帽子又跑到集市上，回来后向老板汇报说："老板，一共有 40 袋土豆"。

"价格是多少？" 老板问。

布鲁诺又第三次跑到集市上问出了土豆的价格。

"好吧"老板对他说："现在请您坐在这把椅子上，一句话也不要说，看看阿诺德怎么说。"

老板让人叫来阿诺德，也叫他到集市看有什么卖的。

阿诺德很快就从集市上回来了，并汇报说："到现在为止只有一个农民在卖土豆，一共是 40 袋；价格是 ××；土豆质量很不错，我带回来一个让您看。这个农民一个小时之后还会拉来几箱西红柿，我觉得价格非常公道。昨天这个农民的西红柿卖得很快，库存已经不多了。我想这么便宜的西红柿老板肯定要买一些的，所以我不仅带回来了一个西红柿，而且把这个农民也带回来了，他现在正在外面等回话呢"。

此时，老板转向布鲁诺，说："现在您肯定知道为什么阿诺德的薪水比您高了吧？"

这是一个富有哲理又意味深长的故事，对比故事中的主人公布鲁诺和阿诺德，发现他们的起点差不多，结局却有着巨大的差别。

虽然布鲁诺的工作很努力，对老板言听计从，认真执行老板安排的任务，来回跑了 3 趟集市，可能累得满头大汗，心想没有功劳也有苦劳，但是他缺乏目标思维，做事没有主见，还把对比思维用错了地方，他只知道抱怨自己的薪水比别人少，却不知道自己的工作方法比别人差。

阿诺德善于观察和分析，心中想着老板的目标，虽然只去了 1 趟集市，但是他多次运用了对比思维，不仅对比土豆的价格和质量，而且对比西红柿的价格和质量，再加上自己的分析判断，做事考虑周全，不仅高效，而且靠谱，能够满足老板的潜在需求，所以他能够得到老板的青睐和重用。

该小说中的老板是一位非常睿智的人，他没有给布鲁诺讲一些大道理，而是先耐心地听完布鲁诺的抱怨，然后运用对比思维，让布鲁诺自己体会其中的差别。

读者不妨反思一下，自己在日常的工作中，有没有正确地运用目标思维和对比思维呢？

细分思维

在数据分析中，细分可以说是数据分析的灵魂。

细分几乎无处不在，大到宇宙可以细分，小到原子核也可以细分。人生的大目标可以细分，某次小考试的成绩也可以细分。

比如，小明某次考试的总成绩不好，细分一看，发现其他科目的成绩都不错，只有英语成绩特别差，只考了 30 分，从而拉低了总成绩。

这个例子就是把总成绩细分为具体的科目成绩。在数据分析工作中，细分的维度主要包括时间、地区、渠道、产品、员工、客户等。

在数据分析工作中，细分思维的重要性，再怎么强调都不为过。

然而，很多人可能会采取一些"偷懒"的做法，浅尝辄止，不去寻找合适的细分方法，导致没有得出更有价值的分析结论。

下面通过一些示例，介绍 5 种常见的细分方法。

（1）按时间细分。

时间可以被细分为不同的跨度，包括年、月、周、日、时、分、秒等，不同的时间跨度，数据表现可能大不相同。

比如，按照月度来看，产品的销量可能变化不大，但是如果细分到每天，可能就有比较剧烈的变化，应该找到这些变化的数据，并分析变化背后的原因，而不是让它淹没在整月汇总数据的表象之中。

（2）按空间细分。

空间可以按地域进行划分，包括世界、洲、国家、省份、城市、区等。

比如，按空间细分，可以把全国的销售数据细分到每个省份。

空间作为一个相对抽象的概念，也可以被代替成其他与业务相关的各种事物，如产品、人员、类别等，只要有助于理解事物的本质，都可以尝试进行细分。

（3）按过程细分。

把业务细分为一些具体的过程，往往能够让复杂的问题简单化。

比如，把订单发货细分为 5 个过程，想办法提升每个过程的效率，从而缩短发货的时间。

再比如，把用户的生命周期细分为 5 个重要的过程，即获取、激活、留存、盈利、推荐。

（4）按公式细分。

有时一个指标是可以用公式计算出来的，如要想提高销售额，则可以从流量、转化率、客单价、复购率这几个不同的维度努力。

因为销售额 = 流量 × 转化率 × 客单价 × 复购率

以餐厅为例，流量就是光顾这家餐厅的总人数；转化率就是在光顾这家餐厅的总人数中，有多少人真的吃饭；客单价就是每桌来吃饭的顾客消费多少金额；复购率就是在吃过这家餐厅的饭的顾客中，有多少人会再来。

按照公式思维，可以洞察一个结论：餐厅短期的销售额靠流量，长期的销售额靠复购率。

（5）按模型细分。

数据分析的模型有很多种，可以根据业务的实际情况，选择合适的模型，并在此基础上进行细分，得出相应的分析结论。

比如，安索夫矩阵就是以产品或服务作为横轴，以客户或市场作为纵轴，形成一个 2×2 的矩阵，对应 4 种营销策略，如图 1-7 所示。

图 1-7

再比如，RFM 模型其实是把客户按 3 个维度进行细分，即最近一次消费时间间隔（Recency）、消费频率（Frequency）和消费金额（Monetary），得到 8 种客户类别，进而有针对性地采取不同的营销策略。

（6）应用案例。

诺贝尔物理学奖获得者恩利克·费米（Enrico Fermi）曾经问他的学生，芝加哥有多少位钢琴调音师。

解答这个问题的关键是运用细分思维，把大问题分解为以下 2 个小问题。

● 芝加哥有多少架钢琴？

● 一位调音师一年调多少架钢琴？

对于第 1 个小问题，可以分解为以下 2 个子问题。

● 芝加哥的人口数量是多少？（粗略估计 3 百万人。）

● 平均多少人拥有一架钢琴？（猜测平均 50 人拥有一架钢琴。）

根据上面 2 个子问题的答案，可以大致估算出芝加哥大约有 60 000 架钢琴。

对于第 2 个小问题，可以分解为以下 3 个子问题

● 每架钢琴多久调一次音？（假设一年调一次。）

● 一位调音师平均每天可以调多少架钢琴？（粗略估计 4 架，包括交通时间。）

● 一位调音师一年工作多少天？（大约 250 天。）

根据上面 3 个子问题的答案可以估算出一位调音师一年大概可以调 1000 架钢琴。

芝加哥钢琴调音师的数量等于芝加哥的钢琴数量除以一位调音师调钢琴数量，即 60 000 除以 1000 等于 60 位调音师。

对于这种没有标准答案的问题，不同人估算出的结果不一样，这是很正常的，重要的不是最终的结果，而是运用细分思维解决问题的过程。

这种细分的方法，不仅有助于估算出一个结果，而且可以让估算者察觉到不确定的信息源。

比如，是人口数量不确定，或者是钢琴每年需要调音的平均次数不确定，或者是调音师每天调音的钢琴数量不确定，或者是其他什么因素。

如果你可以弄清楚不确定的信息源，就可以帮助你更好地量化事物，以便最大限度地减少不确定性。

数据分析是为了解决问题、创造价值，而不是为了分析而分析。

在运用细分思维解决问题的过程中，要做到有的放矢，围绕数据分析的目标，找到合适的方法，不要像无头苍蝇一样乱撞，更不要"偷懒"。

当你发现数据异常时，要多问几个为什么，尝试从不同的维度进行细分，这样既能锻炼你的数据分析思维，又能加深对业务的理解。

上面介绍的 5 种细分方法，即按时间细分、按空间细分、按过程细分、按公式细分和按模型细分，建议读者在实际工作中加以灵活运用。

1.2　分析原因

溯源思维

有时，即使运用了对比思维和细分思维，也分析不出结论，这时怎么办呢？

此时可以尝试运用溯源思维，先追溯数据源的详细记录，然后基于此思考数据源背后可能隐藏的逻辑关系，或许会有意外的洞察。

比如，小明的妈妈通过运用对比思维，知道了小明的总成绩不好，通过运用细分思维，也知道他是英语没考好，但是依然不知道他当时为什么会没考好。小明的妈妈通过跟小明谈心，详细了解他当时考试的情况，发现他当时肚子不舒服，无法集中精力答题，导致很多本来会做的题目都做错了。谈心之后，小明的妈妈对他表示理解，从此更加关心小明的身体状况，他们之间的感情加深了，小明的成绩也变得越来越好了。

在做数据分析时，要多问几个为什么，追根溯源，在数据源中寻找可能隐藏的逻辑关系和解决方案。

比如，小明把自己每天的行动数据都用 Excel 详细记录下来，其中包括每一时段的情绪数据。小明做复盘时，发现有一天情绪数据特别低，之后连续问了几个为什么。

● 为什么这一天情绪数据特别低？

因为那一天小明上当受骗了。

● 为什么会上当受骗？

因为骗子用生命安全来吓小明。

- 为什么骗子能吓到小明？

因为小明担心自己的生命安全。

- 为什么小明会担心自己的生命安全？

因为求生是人类的本能反应。

- 为什么人类会有求生的本能？

因为人类的大脑分为年代久远的本能脑、相对古老的情绪脑和非常年轻的理智脑。

理智脑对大脑的控制能力很弱，大部分决策往往源于本能和情绪，而非理智。

到这一步，小明找到了自己上当受骗的根本原因，在于自己当时没有控制好自己的大脑，所以失去理智。

针对这个问题，小明先运用"控制两分法"在脑海中反复进行演练，然后在实践中进行校正，实现与情绪的和平共处，进而更加理智地面对纷繁复杂的世界。

如果经常运用溯源思维，就能提升对数据的敏感度，并加深对业务的理解。

为了帮助读者加深对溯源思维的理解，下面再介绍几个案例。

（1）为什么机器会停止运转。

据说有一次，丰田汽车公司的一台机器停止运转了，当时公司的领导运用溯源思维连续追问 5 次为什么？

- 为什么机器会停止运转？

因为机器超载，保险丝被烧断了。

- 为什么机器会超载？

因为轴承的润滑不足。

● 为什么轴承的润滑不足？

因为润滑泵失灵了。

● 为什么润滑泵会失灵？

因为润滑泵的轮轴耗损了。

● 为什么润滑泵的轮轴会耗损？

因为杂质跑到了轮轴里面。

经过连续追问 5 次为什么，终于找到了问题的真正原因，并采取相应的解决办法也就是加装滤网，防止杂质跑进去就可以了。

假如没有这种刨根问底的精神，很可能只是给机器换一根保险丝就草草了事，但真正的问题没有解决，后续机器可能还会接二连三地出现停止运转的问题。

（2）为什么得维生素 C 缺乏病。

在航海时代，船员经常得维生素 C 缺乏病，得该病最终可能会导致死亡。

● 为什么得维生素 C 缺乏病？

当时人们猜测，得维生素 C 缺乏病可能与饮食有关，因为海上没有新鲜的蔬菜和水果。

18 世纪，苏格兰的海军发现服用柠檬可以预防维生素 C 缺乏病。

当时本来给船员吃的是西班牙柠檬，后来为了节省成本换成了西印度柠檬，还榨成了柠檬汁煮熟了带上船，结果还是有船员得维生素 C 缺乏病。

● 为什么大面积爆发维生素 C 缺乏病？

直到 20 世纪初，人们才弄明白真正对维生素 C 缺乏病有预防作用的是柠檬里面的维生素 C，而西印度柠檬中的维生素 C 含量只有西班牙柠檬的四分之一。而且柠檬汁煮熟之后，里面仅存的维生素 C 也被破坏掉了。

在这个案例中，预防维生素 C 缺乏病的关键是维生素 C，而不是柠檬。

找到问题的关键并不容易，有时人们也许要经过几百年的探索，才能真正理解一个事物的本质。

（3）为什么纪念堂表面斑驳陈旧。

美国华盛顿的杰斐逊纪念堂表面斑驳陈旧，于是相关人员请专家来调查原因。

● 为什么纪念堂表面斑驳陈旧？

刚开始专家认为是由酸雨导致的，经过进一步实验发现酸雨的腐蚀强度没有如此明显。也就是说，酸雨不是造成纪念堂表面斑驳陈旧的根本原因。

后来专家发现，清洗纪念堂墙壁所用的清洁剂对建筑物有腐蚀，该墙壁每年被清洗的次数明显多于其他建筑物，所以纪念堂表面斑驳陈旧更加严重。

● 为什么要经常清洗墙壁？

因为墙壁被大量的鸟粪弄得很脏。

● 为什么有大量的鸟粪？

因为燕子喜欢聚集到这里。

● 为什么燕子喜欢聚集到这里？

因为墙壁上有它们喜欢吃的蜘蛛。

● 为什么有蜘蛛？

因为墙壁上有蜘蛛爱吃的飞虫。

● 为什么有飞虫？

因为飞虫在这里繁殖特别快。

● 为什么飞虫在这里繁殖特别快？

因为开着窗户，阳光充足，适合飞虫繁殖。

由此发现，解决问题的方法很简单，只要拉上窗帘就可以了。

请专家都未能彻底解决的问题，就这样成功解决了。

（4）为什么购买电钻。

假设有一位客户想要购买一个电钻，运用溯源思维如下。

- 为什么他想要买一个电钻？

因为他想在墙上打个洞。

- 为什么他想在墙上打个洞？

因为他想在墙上挂一幅全家福。

- 为什么他想在墙上挂一幅全家福？

因为他想回忆起一些与家人共度的美好时光。

- 为什么他想回忆起一些与家人共度的美好时光？

因为这些美好时光可以让他感受到幸福和快乐。

- 为什么这些美好时光可以让他感受到幸福和快乐？

因为他的大脑分泌出了更多的多巴胺。

如果继续追问为什么大脑会分泌多巴胺？这属于脑科学的知识，因为人类有生存和繁衍的需要，所以大脑进化出了一套奖赏系统，通过神经元产生一种化学物质，这种物质就是多巴胺，它可以影响人的情绪、行为和习惯。

很多人一刷短视频就停不下来，背后深层次的原因是短视频激活了大脑的奖赏系统，不断地刺激大脑产生多巴胺，只要手指轻轻一划，就可以看到新的内容，产生新的刺激，所以容易让人上瘾。

（5）为什么业绩下滑。

有一家销售型的公司，最近销售业绩明显下滑，经过几番分析之后找到了以下 3 点原因。

- 销售人员的士气低落。

- 产品的质量不好。

- 客户不喜欢。

但是，这些只是表象，不是真正的原因，应该进一步追问。

- 为什么销售人员的士气低落？

背后的原因可能是销售提成下降了。

- 为什么产品的质量不好？

背后的原因可能是偷工减料了。

- 为什么客户不喜欢？

背后的原因可能是价格太贵了。

通过多追问几次为什么，去了解业务，与业务方进行沟通确认，积极主动参与到业务中，站在业务方的角度换位思考，你将会发现更多有价值的信息。

千万不要被表象蒙蔽了双眼，每个人其实都在用自己的思维模式理解这个世界，不同的思维模式看待同一件事结果会截然不同。

普通的人改变结果，优秀的人改变原因，而杰出的人改变模型。

杰出的人与普通的人之间的差距，往往在于他们思维的差异。

（6）注意事项。

上面介绍了溯源思维的几个应用案例，只要读者留心观察，就会发现工作和生活中还有很多类似的案例。

当我们遇到问题时，要有一种"打破砂锅问到底"的精神，搞清楚问题背后的真实原因，避免停留在问题表面，怀着好奇心深入地探索，往往可以洞察到更多有价值的信息。

第一个需要注意的事项：明确目标，即朝着解决问题的方向进行分析。如果脱离了解决问题的方向，就可能会南辕北辙，导致在错误的道路上越走越远。

比如，小明在外面不小心摔了一跤，他运用溯源思维分析原因的过程如下。

- 为什么摔跤？

因为地面滑。

- 为什么地面滑？

因为地面有水。

- 为什么地面有水？

因为下雨了。

- 为什么下雨了？

因为空气中水分含量比较高。

- 为什么空气中水分含量比较高？

因为江、河、湖、海里面的水受到了太阳的照射，变成水蒸气升到了空中。

……

如果按照这样的方法继续追问下去，会发现离你要解决问题的方向越来越远，结果没有找到根本的原因，反而是为失败找借口，而不是为成功找方法。

所有的分析最终都应该落实到可操作的层面，要知道找借口是解决不了问题的，难道你可以把太阳射下来吗？

第二个需要注意的事项：反求诸己，即在分析原因时，尽量找内部可控的原因，而不要找外部不可控的原因。运用控制两分法，努力控制我们可以控制的事情，而不要妄图控制我们无法控制的事情。这就好在比射击时，如果没有射中目标，不要怪靶子，也不要怪别人，而要研究自己的射击姿势是不是有问题。

如果按照这种思路，再次分析上面小明不小心摔了一跤的例子。

● 为什么摔跤？

因为小明没有看到地上有水。

● 为什么没有看到地上有水？

因为小明仰着头走路。

到这一步，就已经有解决办法了，只要小明在走路时注意低头看路，就可以预防再次摔跤。

很多时候遇到问题，不是"你应该怎样"，也不是"他应该怎样"，而是"我应该怎样"，否则有推卸责任的嫌疑。

曾经有一条新闻，说某小区有一辆电动车被盗，警察抓到嫌疑人后审问，嫌疑人的回答让人哭笑不得。他说："还不是被蚊子咬了两口，睡不着了出来乱转，看到一辆电动车就开走了。"

看到这么奇葩的理由，有人调侃说："这'锅'太沉了，蚊子可背不动。"虽然这个例子有点极端，却反映了一种比较普遍的现象，就是人们总在下意识地给自己的行为找外在的理由。

很多人在遇到问题时喜欢抱怨，抱怨客户的无知，抱怨政策的多变，抱怨环境的恶劣，甚至抱怨老板的不对。

但是，怨天尤人是解决不了问题的，我们可以做的就是努力尝试用自己的力量，积极找到解决问题的有效办法，这样才更能体现自己的价值。

不可否认，有时确实会遇到一些难以预料的情况，如客户需求的变更、政策的调整、疫情的爆发、领导决策的失误等。

但是，这并不能代表自己就束手无策了。不管遇到什么情况，我们自己或多或少都有一定的可操作空间，至少我们可以承担起自己应负的责任，如思考一下如何才能把损失降到最低。

第三个需要注意的事项：第一性原理，即从本质出发解决问题。

第一性原理是古希腊哲学家亚里士多德提出来的一个概念，他认为，每个系统都存在第一性原理，它是最基本的命题或假设，不能被省略或删除，也不能被违反。

> ● **注意：** 第一性原理不是一个"道理"，而是一个"前提"，只有这个"前提"条件成立，后面的推论才能正确。
>
> 所以，当你运用溯源思维，不断追问为什么时，要考虑这个"前提"条件是否成立，从源头上找到根本的东西。

在分析因人为错误而导致的问题时，不仅要关注当事人的责任，还要思考工作的机制和流程是否合理？管理者或监督者的工作是否做到位？系统性的预防措施是什么？

世界是纷繁复杂的，很多结果都是由许多因素共同影响产生的，而不是某个单一的因素。在运用溯源思维的过程中，我们其实借助了一些已知的思维模型，帮助我们找到数据背后可能隐藏的因果关系。当你知道的思维模型越多，识别关键因素的能力也越强。

有时，我们自以为懂得了很多道理，却只看到了问题的表象，没有看透事物的本质。运用溯源思维，不是寻找简单的因果关系，也不是用相关关系代替因果关系，而是能够超越经验，透过问题的表象，看透事物的本质，这样才能从根本上找到解决问题的方法。

真正有智慧的人会去改变原因，因为只有改变了原因，结果就会自然改变。在实际工作和生活中，你肯定也会遇到许多各种各样的难题，此时不妨运用溯源思维，学会探索难题背后的深层次的原因，而不是只看到难题表面的浅层次的原因，更不是动不动就产生抱怨或指责的情绪。我们每找到一个问题的答案，对世界的认知就进了一点，经过日积月累、锐意进取，就可以逐渐发展成为一个更加理性、更有智慧的人。

相关思维

相关思维，就是寻找变量之间相互关联的程度。

如果当一个变量改变时，另一个变量也朝着相同的方向发生变化，那么这两个变量之间存在正相关性。反之，这两个变量之间存在负相关性。

如果一个变量无论怎么改变，另一个变量都不会跟着改变，那么这两个变量之间没有相关性。

比如，个子高的人，通常体重会重一些，个子矮的人，通常体重也会轻一些，所以身高和体重存在正相关性。

当然，也会有例外的情况，因为有些人是又高又瘦，但总体而言，大多数人是符合相关规律的。

运用相关思维，通常包括以下几个步骤。

第 1 步收集相关数据。

收集相关数据，一般是收集成对出现的数据，从而为后面的相关分析做好准备。

第 2 步绘制散点图。

把一个变量作为横轴，另一个变量作为纵轴，画出散点图，观察数据的分布，大致判断相关性。

图 1-8 所示为正相关散点图，图 1-9 所示为负相关散点图，图 1-10 所示为非相关散点图。

正相关

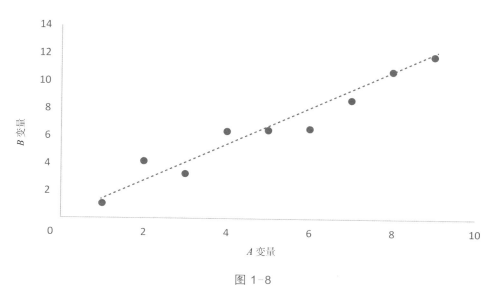

图 1-8

负相关

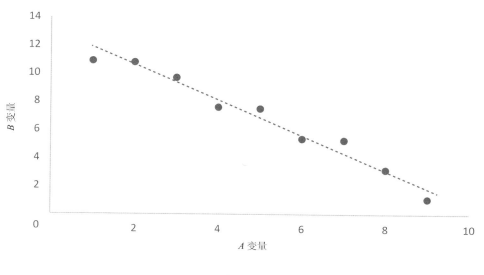

图 1-9

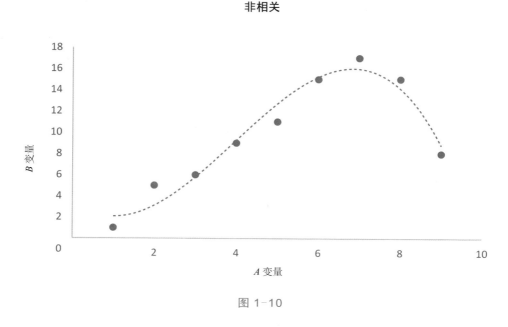

图 1-10

一般情况下，我们所说的相关，是指线性相关。

第 3 步计算相关系数。

相关系数有以下两大特点。

① 相关系数是介于 -1~1 的常数。

相关系数等于 -1 表示完全负相关，相关系数等于 0 表示完全不相关，相关系数等于 1 表示完全正相关。

在实际应用中，我们通常把相关系数的取值，分成以下几个不同的区间，来表示不同的相关程度。

- $0.0 \leqslant$ | 相关系数 | < 0.3，表示不相关。
- $0.3 \leqslant$ | 相关系数 | < 0.5，表示弱相关。
- $0.5 \leqslant$ | 相关系数 | < 0.8，表示中度相关。
- $0.8 \leqslant$ | 相关系数 | < 1.0，表示强相关。

② 相关系数不受变量单位的限制。

相关系数可以将单位不统一的数据，加工成一个简洁的描述性数据。

比如，身高的单位是厘米，体重的单位是千克，我们也能计算出它们的相关系数。

需要注意的是，相关系数与统计检验的 p 值不同，相关系数用来反映相关性的强弱，而 p 值用来检验是否存在相关关系。一般情况下，当 p 值小于 0.05 时，才可以判断存在相关关系。

相关关系不等于因果关系，即使两个变量之间存在相关关系，也不代表其中一个变量的改变，是由另一个变量的变化引起的。

比如，国家获得诺贝尔奖的数量，与巧克力的消费量之间呈现正相关关系，但这并不是说，多吃巧克力有助于获得更多的诺贝尔奖。

合理的解释是，获得诺贝尔奖的数量与巧克力的消费量，很可能都是由其他变量引起的，如国民的受教育程度和富裕程度。

我们要学会合理运用相关思维，看清事物之间的关联。比如，如果在一段时间内或在某一个空间内，某一个事件总是伴随着另一个事件而发生，那么二者之间可能存在某种关联。从时间维度注意长期性，从空间维度注意全面性，看到事物发展的动态变化，注意分析的层次和颗粒度，合理地设定问题的边界，这有助于把握问题的关键，进而更加有效地解决问题。

读者可以做一个练习，找出工作、生活或学习中重复出现的一个问题，记录一些相关的数据，绘制相应的散点图，并计算相关系数，分析相关性的强弱，判断是否存在因果关系。

虽然世界变幻莫测，常常让人难以预料，但是运用相关思维可以帮助我们更好地认识世界，它像催化剂一样，帮助我们加速理解事物的本质，为探索世界提供助力，这也是我们对抗熵增的一种有效武器。

当你看到一个数据时，要记得在脑子里多画几个问号，想一想这个数据是谁提供的？其中有没有利益关系？是不是错把相关关系当因果关系了？有没有颠倒因果关系？比如，在下雨时，街上有很多人打伞，但我们并不能说是打雨伞导致了下雨，这就是把原因和结果搞反了。

虽然数据有时会误导我们，但是我们不要因此抵制数据，因为数据本身是无辜的，它只是我们理解现实世界的一种工具。一种工具能发挥怎样的作用，取决于人们怎样使用它。

所以，使用数据进行研究的人，需要避免因直觉、认识偏差或利益的关联，而得出误导性的数据结论。如果你仅仅是满足于使用别人裁剪过的、完善后的数据，而不去主动探求真相、主动拥抱更多的可能性，那么你看到的世界，可能永远都只是别人希望你看到的样子。

我们每天都会面对各种各样的数据，即使两组数据之间是高度相关的，也不意味着两者存在因果关系。所以，一定要擦亮自己的眼睛，提高警惕，掌握数据分析的思维，努力让数据为我们所用，而不是被数据误导。

如果在一段时间之内，某一个事件总是伴随着另一个事件发生，那么两者之间就有可能存在某种相关关系。但是，还要用成长性思维理解这个世界，看到事物的发展其实是动态变化的，而不是固定不变的。有些事物过去确实是相关的，但是随着时间的推移，现在未必相关，未来更加不知道是不是还能相关。希望读者在运用相关思维时，能够多加留意，合理地设定问题的边界，这样才能更加有效地解决问题。

建议读者养成一个习惯，在日常的工作和生活中，经常运用相关思维思考相关数据或事物背后的逻辑关系，虽然有些关系是显而易见的常识，如购买人数越多订单数量也越多。但是，有些关系或许会给你带来意想不到的收获，就算最后发现事物之间"没有相关关系"，也是一种收获，将来也许可以用上这个经验。

假设思维

在做数据分析时，需要经常运用假设思维，即大胆假设，小心求证。

大胆假设，就是要打破既有观念的束缚，冲破旧有思想的牢笼，大胆创新，对未解决的问题提出新的假设。

小心求证，就是基于上面的假设，用严谨务实的态度，寻找真相，不能有半点马虎。

比如，有一天，小明去买水果，跟卖水果的阿姨之间有以下一段对话。

小明："阿姨，你的橘子甜不甜？"

阿姨："甜，不信你尝尝。"

小明："好，那我尝一个。"

小明剥开一个橘子，尝了一口："嗯，不错，确实挺甜的，给我称两斤。"

这个例子只是一个简单的类比，不必深究细节。从这个例子中可以看出假设检验的基本思维过程。首先，小明提出假设：橘子是甜的；其次，随机抽取一个样本；再次，检验橘子是否真的甜；最后，做出判断，确认橘子是真的甜，所以就购买了。

大胆假设并非绝对可靠，但是通过小心求证，可以更好地认识世界上的许多现象，进而得出更有价值的分析结论。

在统计学中，有一种叫作假设检验的方法，就是先提出一个假设，然后运用概率思维，检验这个假设的合理性。

假设检验通常包括以下 3 个步骤。

第 1 步提出假设。

根据实际情况，先提出一个假设，通常称为零假设，用 H_0 表示。

与 H_0 对立的假设，通常被称为备择假设，用 H_1 表示。

先假设 H_0 成立，若有足够的证据证明 H_0 不成立，则拒绝 H_0，接受 H_1。

第 2 步统计检验。

首先，确定检验的标准，在很多情况下，检验的标准是概率小于 5%，其中 5% 被称为显著性水平，这个过程也被称为显著性检验。

其次，根据假设的特征，选择合适的方法，统计检验的结果，计算拒绝 H_0 的概率 p 值。

需要注意的是，一般应该在计算概率 p 值之前，要确定好检验的标准，以减少人为主观判断的影响。

第 3 步做出判断。

根据统计的结果，按照检验的标准，决定是否接受原假设。

在做判断时，要避免犯以下两类错误。

① 拒真错误，即错误地拒绝了零假设。

比如，被告方本来无罪，但是虚假的证据让法官产生误判，导致误判好人。

再比如，一个人本来没有感染病毒，但是检查结果却错误地显示为阳性，简称为假阳性。

② 纳伪错误，即错误地接纳了零假设。

比如，被告方本来有罪，但是因为证据不足让法官产生误判，导致放过坏人。

再比如，一个人本来感染了病毒，但是检查结果却错误地显示为阴性，简称为假阴性。

当样本的大小固定时，犯两类错误的概率此消彼长，不可能同时减小。

因此，统计学家提出一个原则：在控制犯第一类错误的条件下，尽量减小犯第二类错误的概率。

也就是说，不轻易否定零假设，如果检验结果否定了零假设，那么说明否定的理由是足够充分的。

在实际解决问题的过程中，为了对某一假设取得强有力的支持，通常把这种假设本身作为备择假设 H_1，而将这种假设的反面作为零假设 H_0。

比如，法官在审理案件时，先假设被告方无罪，然后根据指控方提供的证据，试着推翻一开始无罪的假设，从而接受与其相反的结论，即被告方有罪。

假设检验模型被广泛应用于许多领域，包括现代医学、心理学、经济学、社会学、计算机科学等。

下面以《女士品茶》中的一个故事为例，说明假设检验的过程。

在一个夏日的午后，英国剑桥的一群大学老师，和他们的妻子一起喝下午茶。

其中，有一位女士坚持认为把茶倒进牛奶里，和将牛奶倒进茶里，味道是不同的。

这时有一个人站出来说："让我们用科学的方法，来检验一下吧。"

第 1 步提出假设。

为了对这位女士的话取得强有力的支持，我们假设这位女士不能品尝出不同奶茶的区别。

第 2 步统计检验。

先确定显著性水平为 5%，然后给这位女士随机喝 6 杯奶茶，让她分别说出到底是茶倒进牛奶里？还是牛奶倒进茶里？

统计这位女士 6 次品茶的结果，发现她每次品茶的结果都正确。

如果她完全是靠乱猜，那么 6 次都猜对的概率是 50% 的 6 次方，约等于 1.56%。

第 3 步做出判断。

按照显著性水平为 5% 的检验标准，因为 1.56% 小于 5%，所以无法接受原来的假设，只能接受相反的结论。

也就是说，我们可以认为这位女士确实能够品尝出不同奶茶的区别。

没有经过验证的想法，都是空想。

假设检验其实是一种基于概率的反证法。

为什么要用反证法呢？

以女士品茶的故事为例，如果是从正面来证明，喝 100 杯奶茶要正确品出 95 杯以上才行，这样难度太大。

假设检验的基本思想是，在不确定性的条件下，相信小概率事件不会经常发生，如果真的发生了，就选择拒绝原来的假设。

假设检验并非绝对可靠，但是通过弄清楚最有可能的解释，我们可以更好地认识世界上的许多现象，从而得出更有价值的分析结论。

运用假设思维的过程是提出问题、分析问题、解决问题的过程。先大胆提出各种假设，然后运用数据分析的方法，小心进行求证，排除那些不靠谱的假设，穿透事物的表象，得出更加靠谱的结论，进而让我们能够更好地认识世界，提高解决问题的能力。

没有经过验证的假设都是空想。运用假设思维要像消防演习一样，经常在脑海中进行演练，不断检验和修正自己的认知，以后再遇到类似情景时，可以快速做出正确的决策。

1.3　预测未来

逆向思维

有时，我们需要打破常规的思维模式，从相反的方向来思考问题。

比如，有一天小明去买西红柿："阿姨，你的西红柿多少钱一斤？"

阿姨："2 元 5 角。"

小明挑了 3 个放到秤盘："阿姨，帮我称一下。"

阿姨："一斤半，3 元 7 角。"

小明去掉其中最大的西红柿："做汤不用那么多。"

阿姨："一斤二两，3 元。"

小明拿起刚刚去掉的那个最大的西红柿，付了 7 角钱，扭头就走了。

本来是阿姨想占小明的便宜，虚报重量。但是，小明利用逆向思维，起到了意想不到的效果，反而让阿姨吃了哑巴亏。

下面介绍 5 种逆向思维的方法，帮助读者更好地理解逆向思维，打开数据分析的思路，不断提升自己的可迁移能力，尤其是底层的思维能力，做到以不变应万变。

（1）结构逆向。

结构逆向是把物理的结构反过来看。

比如，以前的雨伞折叠后，湿漉漉的表面经常会弄湿裤子。如果把雨伞的结构反过来，让雨伞向上折叠，使湿漉漉的一面折叠到内侧，干燥的一面折叠到外侧，就能有效避免弄湿裤子。

（2）功能逆向。

功能逆向是把产品的功能反过来用。

比如，保温桶的功能一般是保热的，如果把保热的功能反过来，变成保冷，于是就有人做出了冰桶。

（3）状态逆向。

状态逆向是把事物的状态反过来看。

比如，人走楼梯，是人动，楼梯不动。如果把这个状态反过来，人不动，让楼梯动，于是就有了自动扶梯。

（4）原理逆向。

原理逆向就是把科学的原理反过来用。

比如，电动机的原理：先是用电产生磁场，然后磁场移动物体。如果把这个原理反过来，让移动物体产生磁场，磁场产生电，于是就有了发电机。

（5）方法逆向。

方法逆向是把对应的方法反过来用。

比如，有一种奇特的赛马规则是比谁的马跑得更慢，结果参赛的两匹马几乎都止步不前，太浪费时间了。如果换一个方法，让两个骑手换骑对方的马，结果比赛很快就完成了。

在数据分析的过程中，不妨多利用逆向思维，从结构、功能、状态、原理、方法等角度进行逆向思考。

只要你愿意观察和思考，就会发现更多利用逆向思维的案例。比如，小孩掉进水缸里，人们通常是想怎么把人救出来，但司马光想到把水倒出来，于是有了司马光砸缸的故事。

身处瞬息万变的商业世界，一个人只有不断提升自己的可迁移能力，尤其是底层的思维能力，才能做到以不变应万变。以终为始，也是一种逆向思维。

假设价格是影响销售的重要因素，现在销售情况不理想，那么应该怎么办呢？

大多数人的第一想法是"降价促销"，可是有人反其道而行之，进行"加价销售"！

这是关于奢侈品品牌香奈儿的真实故事，当销售额不好时，香奈儿选择加价 300%，结果强化了消费者对其顶级奢饰品牌的印象，其销售额反而逆势上涨。

无论是在工作中还是在生活中，很多人都想要获得更多，但是利用逆向思维，反而应该专注于更少的目标，这样才能更有效率。

逆向思维有 3 个特点：普遍性、批判性、新颖性。

下面分别介绍这 3 个特点。

（1）普遍性。

对立统一是世界运行的普遍规律，也是逆向思维的根本法则。

比如，世界有男性和女性，时间有白天和黑夜，物体有软和硬，势力有强和弱，位置有上、下、左和右等，数字有正数、负数等，力有作用力和反作用力等，化学有化合和分解等，战争有进攻和防守等。

无论哪种形式，只要从一个方面想到与之对立的另一方面，都属于逆向思维。

老子在《道德经》中说："反者道之动"。

我们可以理解为，道是循环反复的，当事情发展到某个极端时，会朝反方向发展。

比如，当我们处于人生低谷时，不要绝望，相信未来一定会好起来的。而当我们取得些许成就时，不要太得意，请做好迎接困难的准备。

如果我们想要做成某件事，可以从事情的对立面思考，这就是为人处世的智慧。

当人们普遍追求名利时，我们运用逆向思维，就是不追求名利。

当人们总想占别人的便宜时，我们运用逆向思维，就是把好处给别人。

当人们总想着自己开心时，我们运用逆向思维，就是总想着让别人开心。

如果我们能做到这些，生活中的大部分烦恼都会消失。

也许有人会说："我就是想有很多的钱，哪怕烦恼再多也没关系"。

有这种愿望可以理解，但是遗憾的是，越是这么想的人，越容易急功近利，反而越难赚到钱。

（2）批判性。

逆向思维是对固定型思维的一种批判，帮助我们打破常识、传统、惯例的束缚，建立成长型思维的认知模式。

斯坦福大学的卡罗尔·德韦克教授曾经找了几百名学生，给他们做 10 道比较容易的智力测验题。当这些学生完成测验后，一部分学生被夸奖"聪明"，而另一部分学生被夸奖"努力"。结果，那些被夸奖"聪明"的学生，在接下来的测验中表现得不如那些被夸奖"努力"的学生。夸奖"聪明"的背后，暗示了一种固定型思维，让人以为能力是固定的，并维护自己聪明的形象。夸奖"努力"的背后，暗示了一种成长型思维，让人知道可以通过努力发展自己的能力。

作者记得以前在上学时，有一段时间也被同学夸过"聪明"，之后作者就有点不好意思继续"努力"了，结果导致学习成绩下降。幸亏后来作者幡然醒悟，通过加倍努力，终于把成绩赶了上来，否则很有可能上不了大学。

在面对困难时，固定型思维的人很容易放弃，因为他会担心困难的任务会证明他不行，而成长型思维的人喜欢迎接挑战，因为他会把挑战看作提升能力的机会。固定型思维的人认为自己的命运是天生注定的，而成长型思维的人认为自己的命运是可以改变的。

固定型思维的人把批评当成别人对他本人做出的负面评价，往往带着一种被动防御的心态，把注意力放在怎么维护"我很强"的形象上，甚至觉得努力是一件可耻的事；成长型思维的人则带着一种主动出击的心态，把注意力放在怎么把事做好上，认为努力是提升能力的重要手段。

（3）新颖性。

运用传统的思维模式思考问题虽然相对比较简单，但是容易导致思路僵化，往往只能得到一些常见的结果，难以挣脱传统观念和习惯的束缚，难以摆脱直觉和经验的控制，难以颠覆多年积累的常识和定势。

运用逆向思维可以帮我们换位思考，用更加新颖的视角，站到对立面观察事物，以便看到事物的另一面。这样不仅可以看到缺点，还可以看到优点。

人们往往容易受过去经验和固有观念的影响，只看到自己熟悉的一面，而对另一面却视而不见。

对同一个事物，有些人可以看到乐观的一面，而有些人可以看到悲观的一面。比如，看到杯子中有半杯水，有些人看到的是"装满了半杯水"，而有些人则看到"只剩下半杯水"。

运用逆向思维，我们要对自己坚信的东西抱有一丝怀疑，只有这样，才能不断打破自己逐渐僵固的思维，找到一个突破口，可以发现生活中更有意思的事。经常运用逆向思维的人，可以让大脑变得更灵活，在解决问题时也会变得更有智慧。

演绎思维

演绎思维的方向是由一般到个别。也就是说，演绎的前提是一般性的抽象知识，而结论是个别性的具体知识。

演绎的主要形式是"三段论"，由大前提、小前提、结论组成。

比如，小明不仅知道金属能导电，还知道铜是一种金属，所以小明可以得出结论：铜能导电。

从这个例子中可以看出，大前提是已知的一般原理（金属能导电），小前提是研究的特殊场合（铜是金属），结论是将特殊场合归到一般原理之下得出的新知识（铜能导电）。

但是，如果上面的演绎思维运用不当，就有可能导致谬论。

比如，鲁迅曾经在《论辩的魂灵》中，写过这么一段话："你说甲生疮。甲是中国人，你就是说中国人生疮了。既然中国人生疮，你是中国人，就是你也生疮了。"

这是在讽刺当时很多人的论辩逻辑。

在今天，依然有很多人会犯一些逻辑上的错误。比如，做好数据分析需要会使用一些工具，小明会使用一些工具，所以小明能做好数据分析。

但是会使用一些工具，并不代表就能做好数据分析，这是犯了逻辑上的错误。

那么应该如果避免出现类似的逻辑错误呢？

先理解以下 3 个基本概念。

- 大项：一般是指大前提和结论的谓项。
- 中项：一般是指用来联系大前提和小前提的概念。
- 小项：一般是指小前提和结论的主项。

下面介绍演绎思维的 5 项基本原则，帮助读者建立更加严谨的数据分析思维。

（1）不要出现第 4 个概念。

在演绎思维中只能有 3 个不同的概念，如果有第 4 个概念，就有可能出错，通常将其称为"四概念错误"。

不要出现第 4 个概念的举例如下。

- 大前提：中国人勤劳勇敢（大项）。
- 小前提：小明是中国人（中项）。
- 结论：小明（小项）勤劳勇敢。

在这段话中，似乎只有"中国人、勤劳勇敢、小明"3 个概念，但前面的"中国人"是代表整体的概念，而后面的"中国人"其实是指一个中国人，出现了第 4 个概念，所以结论是不成立的。

（2）中项要能向外延伸。

如果中项不能向外延伸，就不能在大项与小项之间起到中介的作用，因此得不出必然的结论。

中项要能向外延伸的举例如下。

- 大前提：一部分中国人很聪明。
- 小前提：小明一家人是一部分中国人。
- 结论：小明一家人很聪明。

虽然小明一家人是一部分中国人，但是不一定是很聪明的那一部分中国人。

（3）大项和小项都不能扩大。

如果大项或小项代表的范围扩大，那么得出的结论未必正确。

大项和小项都不能扩大的举例如下。

- 大前提：运动员需要锻炼身体。

- 小前提：小明不是运动员。
- 结论：小明不需要锻炼身体。

事实上，运动员只是"部分"需要锻炼身体的人，不能扩大到"全体"需要锻炼身体的人。

（4）前提都为否，结论不必然。

如果大前提和小前提都是否定句，那么无法得出必然的结论。

前提都为否定句，结论不必然的举例如下。

- 大前提：小明不是运动员。
- 小前提：小明不是数据分析师。
- 结论：？

在这段话中，大前提和小前提都是否定句，所以无法得出必然的结论。

（5）前提之一为否，结论必为否。

在大前提或小前提中，如果有一个是否定句，那么得出的结论是否定的。

前提之一为否，结论必为否的举例如下。

- 大前提：人不是草木。
- 小前提：小明是人。
- 结论：小明不是草木。

在这段话中，因为大前提是否定句，所以得出的结论也是否定的。

总之，正确的思维能力，是做好数据分析的必备条件，这也是很多人相对比较欠缺的一种能力。

我们在平时，可能在不知不觉中就运用了演绎思维，如销售目标完成率为108%，销售业绩表现很好。

这句话背后隐含了一个大前提：销售目标完成率超过100%的业绩表

现很好，默认大家都知道这个前提，所以通常不用说，大家也都明白。很多数据分析的结论其实都是通过这种方式得出来的。

我们平常说一个人讲理，本质上是说这个人懂得运用演绎思维。我们学习科学知识和各种理论，可以在各种场合举一反三、灵活运用，其实也是在运用演绎思维，避免让自己成为一个不讲理的人。

人对事物的理解包括原理层、认知层、技术层和工具层。其中，原理层属于"道"，就好比武侠的精神；认知层属于"法"，就好比内功的心法；技术层属于"术"，就好比武功的招式；工具层属于"器"，就好比使用的武器。

老子说："有术无道，止于术。"我们学习数据分析的思维，也要用"道"驾驭"法"、"术"和"器"，也就是用数据分析的思维驾驭数据分析的方法、技术和工具，这样才能掌握事物发展的底层逻辑。

假设小明和小强比赛看谁先到达终点，小明骑马，小强骑牛，你猜谁会赢？你可能会说，小明会赢，因为马跑得比牛快。这是在强调"器"的重要性。

其实不一定！如果小明不会骑马，他可能会从马身上摔下来，说明"器"再好也没用，没有骑马的技术，反而可能让自己受伤。

现在假设小明的骑马技术很好，你猜谁会赢？你可能会说，那肯定是小明会赢，因为小明不仅"器"好，"术"也很好。

其实还是不一定！如果小明骑马走的是一条很远的大路，快马加鞭地骑都要花 3 个小时，而小强骑牛走的是一条很近的小路，慢悠悠地骑只要 1 个小时就到了。

这说明"器"和"术"都好也不一定有用，如果方法或路径不正确，导致走错了路，可能需要花费比别人多数倍的时间。

再假设小明不仅骑马技术好，而且也走了近路，你猜谁会赢？

经过前面两次失败，你可能会有点迟疑，心想："难道这回还是不一定吗？"

确实是这样的，还是不一定！尽管小明选择了正确的路，但是如果他走错了方向，结果可能会南辕北辙，离终点只会越来越远。

所以，最关键的是"道"，运用演绎思维考虑问题，掌握事物发展的底层逻辑，朝着正确的方向前行，做正确的事情，这样才能找到解决问题的正确方法，更加顺利地到达终点。

演绎思维看起来很简单，但实践起来并不容易。有时，运用演绎思维推理出的结论可能会违背我们的直觉，需要认真加以辨别，注意隐含的前提，避免导致产生谬论或逻辑错误，再经过日积月累的训练，不断学习、思考和实践，才能逐渐提升自己的认知。

归纳思维

归纳思维的方向与演绎思维正好相反，归纳的过程是从个别到一般的过程。

比如，小明先知道金、银、铜、铁等金属分别能导电，然后归纳出一个结论：所有金属都能导电。

数据分析的过程，往往是先接触个别事物，然后进行归纳总结，推及一般，再进行演绎推理，从一般推及个别，如此循环往复，不断积累经验。

下面介绍 5 种归纳方法，即求同法、求异法、共用法、共变法和剩余法。这些方法早在古代就有，培根在《新工具》中进行了初步的概括和归纳，最后由穆勒加以系统地整理和说明，因此通常将其称为"穆勒五法"。

（1）求同法。

求同法是指在多个场合中，如果只有一个条件相同，那么这个相同的条件是要找的原因。

用字母来表示，如果有 A 就有 a，那么 A 可能是 a 的原因，如表 1-1 所示。

表 1-1

场　合	情　况	被研究现象
(1)	A、B、C	a
(2)	A、D、E	a
(3)	A、F、G	a
……	……	……

比如，火鸡吃了"发霉的花生"，得癌症死了，鸽子、老鼠和鱼等动物吃了这种花生，也都得癌症死了。

在这个例子中，只有"发霉的花生"这个条件是相同的，其中"发霉的花生"是 A，"得癌症死亡"就是 a，于是猜想，吃发霉的花生是得癌症死亡的原因。

后来，通过化验证明，在发霉的花生中，有一种黄曲霉素，这是一种致癌的物质。

再比如，有一组患 a 病的人，他们年龄不同，身高不同，性别不同，饮食习惯等也不同。他们只有一个共同点，就是酗酒。利用求同法，酗酒和 a 病之间可能存在因果关系。

> **注意：** 求同法相对比较简单，但是要注意它的局限性，不要把巧合当成因果。

（2）求异法。

求异法是指如果一个现象是 / 否出现，只有一个条件不同，那么这个不同的条件是要找的原因。

用字母来表示，如果有 A 就有 a，且无 A 就无 a，那么 A 可能是 a 的原因，如表 1-2 所示。

表 1-2

场　合	情　况	被研究现象	
(1)	A、B、C	a	
(2)	— B、C	—	
……	……	……	

比如，在化学实验中，氯化钾加热会产生氧气，但产生速度很慢，当加入少量二氧化锰之后，产生氧气的速度明显加快。

在这个例子中，"二氧化锰"是影响氧气产生速度快慢的唯一不同条件，其中"二氧化锰"是 A，"快速产生氧气"是 a，所以二氧化锰是加快产生氧气原因。

再比如，中国人和外国人远洋航行，在航行途中，外国人都得了维生素 C 缺乏病，只有中国人没事。运用求异法发现，中国人喜欢喝茶，这一点与外国人不同，其中"喝茶"是 A，"抵御维生素 C 缺乏病"是 a，于是归纳出"喝茶能够抵御维生素 C 缺乏病"的猜想。

在现实的业务环境中，很难找到只有一个条件不同的场景，所以一般要借助 A/B 测试，即控制好实验组与对照组的唯一不同条件，让其他条件尽可能保持一致。比如，投放两组广告，只有标题不同，其他都一样，再分析这两组广告转化率的差异。

（3）共用法。

共用法是把求同法和求异法结合起来共同运用的，进而使分析的结论更加可靠，但并不能保证结论完全正确。

具体来说，共用法包括两次求同和一次求异，即以下 3 个步骤。

第一步：正面场合求同，寻找现象出现的相同条件，有 A 就有 a。

第二步：反面场合求同，寻找现象不出现的相同条件，无 A 就无 a。

第三步：正反场合求异，归纳出数据分析的结论，A 可能是 a 的原因。

具体总结如表 1-3 所示。

表 1-3

场　合	情　况	被研究现象
（正面场合 1）	A、B、C	a
（正面场合 2）	A、D、E	a
（正面场合 3）	A、F、G	a
……	……	……
（反面场合 1）	— B、C	—
（反面场合 2）	— D、E	—
（反面场合 3）	— F、G	—
……	……	……

比如，当有阳光时，韭菜等植物的叶子就是绿色的；当没有阳光时，韭菜等植物的叶子不是绿色的。其中，"阳光"是 A，"绿色叶子"是 a，所以阳光可能是韭菜等植物的叶子变成绿色的原因。

再比如，为了调查甲状腺肿大的原因，先到几个流行这种病的地区调查，发现这些地区的地理环境和经济水平都各不相同，但有一点是相同的，即居民经常食用的食物和饮用的水中缺碘。然后到一些不流行这种病的地区调查，发现这些地区的地理环境和经济水平也各不相同，但有一点是相同的，即居民经常食用的食物和饮用的水中不缺碘。其中，"缺碘"是 A，"甲状腺肿大"是 a，所以缺碘可能导致甲状腺肿大。

再举一个商业环境中的例子，在对广告效果进行数据分析时，假如广告文案中包含"限时"关键词，转化率就较高，不包含"限时"关键词转化率就不高，那么可以认为，"限时"这个关键词对转化率可能有提升效果。

在实际工作中，共用法比求同法和求异法的应用更加广泛，得出的结论往往也更加可靠。

（4）共变法。

共变法是指在其他条件不变的情况下，如果某一现象发生变化，另一现象也发生变化，那么这两个现象之间可能存在因果关系。

用字母来表示，如果当 A 变化时 a 也变化，那么 A 可能是 a 的原因，如表 1-4 所示。

表 1-4

场　合	情　况	被研究现象
(1)	A1、B、C	a1
(2)	A2、B、C	a2
(3)	A3、B、C	a3
……	……	……

比如，若气温上升，则水银体积就膨胀；若气温下降，则水银体积就收缩。其中，"气温"是 A，"水银体积"是 a，气温与水银体积之间可能存在因果关系。

再比如，若广告投放量增加，则销量就上升；若广告投放量减少，则销量就下降。其中，"广告投放量"是 A，"销量"是 a，广告投放量与销量之间可能存在因果关系。

> ● 注意： 在运用共变法时要注意，不能仅凭简单观察，就确定因果关系。有时两种现象共变，但实际上并无因果关系，如闪电与雷鸣。

（5）剩余法。

已知复合结果是由复合原因引起的，如果其中一部分原因产生一部分结果，那么剩余部分原因也会产生剩余部分结果。

用字母来表示，如果 A、B、C、D 产生 a、b、c、d 结果，其中 A、B、C 分别产生 a、b、c 结果，那么 D 可能产生 d 结果，如表 1-5 所示。

表 1-5

场　合	情　况	被研究现象
(1)	A、B、C、D	a、b、c、d
(2)	A	a
(3)	B	b
(4)	C	c

比如，在天王星的运行轨道中，有 4 个地方发生偏离，其中 3 个地方的偏离是由 3 个行星引起的，所以天文学家和数学家认为，第 4 个地方的偏离肯定是因为受到另一个行星的引力而引起的。其中，3 个行星分别是 A、B、C，发生偏离的 3 个地方分别是 a、b、c，第 4 个发生偏离的地方是 d，而另一个行星就是要找的 D。

后来果然发现了这个行星，它就是海王星，它也是唯一利用数学预测发现的行星。

一般说，剩余法只能用于研究复合现象的原因。

> ● **注意：** 以上介绍的 5 种归纳方法，即求同法、求异法、共用法、共变法、剩余法，它们是获取新知的重要方法。需要注意的是，它们都属于不完全归纳法。也就是说，即使推理过程看起来没问题，但是得出的结论可能是错误的，应该要经过进一步的验证。

有许多的案例和故事都说明，有限的观察不等于真理。

比如，中国的天鹅是白色的，美国的天鹅也是白色的，于是有人猜想，所有天鹅都是白色的。但是，世界上确实有黑天鹅存在。

在《三体》中，有这么一个故事："一个农场里有一群火鸡，农场主每天中午 11 点来喂食。火鸡中有一个科学家，观察了近一年都没有例外，于是它发现了自己宇宙中的伟大定律：'每天上午 11 点，都会有食物降临。'它在感恩节的早晨，向火鸡们公布了这个定律，但在这一天上午 11 点，食物没有降临，农场主进来把它们都捉去杀了。"

为了避免以偏概全，需要运用合适的方法，加强归纳思维的训练，积累更多的实战经验，这样归纳总结出来的结论，才能经得起时间的考验，才会更有现实意义。

通过归纳总结，得出有价值的分析结论，这既是数据分析的终点，也是数据分析的起点，即形成一个正向的循环系统。

总之，正确的思维能力，是做好数据分析的必备条件，这也是很多人相对比较欠缺的一种能力。

要想成为一个有洞察力的人，就要多学习、多思考、多总结、多实践，通过刻意练习，举一反三，把数据分析思维应用到日常的工作和生活中，逐渐提升自己的数据分析思维能力。

1.4　综合应用案例

上面介绍了数据分析的 9 种思维，其中每种思维都有其自身的优点和缺点。为了做出更好的决策，我们需要学会综合应用多种思维。如果单独应用一种思维，可能会因考虑问题不够周全，而导致决策失误。

比如，单独应用归纳思维，可能会因为观察不够全面，导致忽略了可能存在的"黑天鹅"事件，那么分析结论可能会毁于一旦；如果单独应用演绎思维，可能会高估一个理论模型的适用范围，结果没有发现前提条件的错误，那么导致得出错误的结论。

事实上，归纳思维能够帮助演绎思维做事实的验证，演绎思维也能够帮助归纳思维寻找规律的发生机制。

下面介绍一个综合应用多种数据分析的思维解决实际问题的实战案例。

管理学大师彼得·德鲁克曾经说过一句话："你如果无法衡量它，就无法管理它。"他在《卓有成效的管理者》中写道："认识你自己，这句充满智慧的哲言，对我们一般人来说，真是太难理解了。可是，认识你的时间，却是任何人只要肯做就能做到的，这是通向贡献和有效性之路。"

如果把一个人比作一家公司，时间就是一个人最宝贵的资产。公司需要有财务报表和数据分析，才能知道自己真实的运营状况。同理，一个人需要有时间报表和数据分析，才能知道自己真实的生活状况。作为自己人生的管理者，我们有责任掌控自己的时间。有效掌控时间的第一步是记录时间，第二步是分析时间，第三步是合理安排时间。

曾经有一段时间，作者深受时间管理问题的困扰。作者平时工作非常忙碌，经常加班到深夜，周末也很少休息，每天都要做很多非常琐碎的事情，一天到晚忙个不停。但是作者感觉自己的工作比较盲目，被各种琐事推着走，处于一种身不由己、碌碌无为的状态，没有时间进行深度的学习和思考，对未来感到很茫然，陷入"忙、盲、茫"的状态，几乎处于崩溃的边缘，非常焦虑。

后来作者尝试改变自己，看了一些时间管理相关的书籍，包括《奇特的一生》《番茄工作法图解》《只管去做》等，实践了不少管理时间的方法，也用过一些时间管理的软件，但这些软件都无法完全满足作者的需求。于是，作者开始研究综合应用数据分析的 9 种思维，基于 Excel 制作了一个记录时间、情绪和习惯的表格模板，用输出倒逼输入，并让系统自动生成相应的数据图表，实现每天用数据为自己的成长赋能，所以作者把它取名为"数据赋能系统"，如图 1-11 所示。

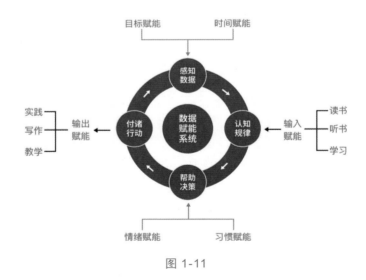

图 1-11

作者是如何应用数据分析的 9 种思维呢？

应用目标思维

（1）正确地定义问题。

为了实现改变自己生活状态的目标，作者提出了一个问题：如何掌控时间、情绪和习惯呢？

作者认为，如果能够掌控时间、情绪和习惯，就能改变生活的状态，从而实现目标。

假设一开始问题定义错了，如怎样做事才能更快，那么结果可能会让人更加焦虑，因为琐碎的小事是永远都做不完的。假如把琐碎的小事比喻为芝麻，把重要的大事比喻为西瓜，那么一个努力捡芝麻的人效率再高，最终的结果也不如捡西瓜的人。

苏联作家尼·奥斯特洛夫斯基在《钢铁是怎样炼成的》这本书中写道："人最宝贵的是生命。生命对于我们只有一次。人的一生应当这样度过：当回忆往事的时候，他不会因虚度年华而悔恨，也不会因碌碌无为而羞愧。"

选择比努力更重要，选择正确的目标，做正确的事，才能从根本上解决问题。

（2）合理地分解问题。

生命是由时间组成的，每个人每天都只有 24 小时，每小时由 60 分钟组成，每分钟由 60 秒组成，时间利用的好坏，将直接影响生命的质量。过好当下的每一分、每一秒，就是过好每一天。过好每一天，就是过好这一生。

（3）抓住关键的问题。

养成"要事第一"的习惯，每天要做的事情有很多，但其中最重要的事情只有一件，每天记得花时间优先完成它，可以有效减少焦虑的情绪。

应用对比思维

每天与目标进行对比，今天最重要的事情完成了吗？自己投入了多少时间？与昨天相比是增加了还是减少了？

以此类推，每周、每月、每年都可以定期与目标进行对比，看现状与目标之间的差距是多少？

找到差距，发现问题，加以改进，就能更加有效地解决问题。

应用细分思维

上面在应用目标思维时，把生命按照时间进行细分，其实也是在应用细分思维。

在"数据赋能系统"中，作者把时间细分为 8 个大类：工作、生活、学习、睡眠、运动、梦想、休闲、财富。其中，每个大类下面可以细分为 10 个小类，每个小类下面可以细分为 4 个象限：第 1 个象限代表重要而且紧急；第 2 个象限代表重要但不紧急，第 3 个象限代表不重要但紧急，第 4 象限不重要不紧急。

把更多的时间花费在重要但不紧急的事情上面，经过长期的积累，就能离目标越来越近。

应用溯源思维

在经过对比和细分之后，如果发现数据异常，就可以追根溯源，通过查看"数据赋能系统"中的原始记录，分析异常的真实原因，找到可以提升的地方，并在后续的实际行动中加以改进。

比如，作者查看历史数据，看到 2021 年 5 月 4 日的情绪比较异常，这是什么原因呢？通过查看原始记录，发现原来是在旅游的途中，作者开车去一个服务区加油，加油站的服务人员向作者推销某种产品。

因为作者担心生命安全，所以就在那个服务区买了该产品。后来，作者知道，使用该产品与油箱温度其实没有什么关系，而且服务区加油站卖的这个产品价格比网络商店卖的贵了好几倍，当时感到非常生气。

但是，作者后来反省了自己的行为，过去的事情既然已经无力改变，就及时调整自己的情绪，及时止损，避免影响一整天的心情，所以从整体看，这一天的情绪并不算太坏。

应用相关思维

作者每天利用"数据赋能系统"进行复盘，找到影响达成目标的相关事件和因素，如果一件事情与目标是正相关的，能够为目标赋能，就继续做；如果一件事情与目标是负相关或不相关的，只是消耗时间，对目标没有产生积极的影响，就停止做。

比如，因为读书和写作与目标是正相关的，所以继续做；因为看短视频和玩游戏与目标是负相关的，所以停止做。

简单来说，一件事情，如果是"赋能"，就多做；如果是"消耗"，就停止做和尽量少做。时间长了之后，就能产生复利效应。

应用假设思维

作者会定期查看"数据赋能系统"中记录的事件，并问一问自己：假设这件事不做，会有什么后果？通过审视每件事对长期目标的贡献度，经过小心求证，从中找到一些可以不用做的事，并从后续的日程计划中删除，这样可以节省出很多时间。

比如，晚上下班回家之后，如果不玩手机对长期目标不会有什么负面影响，因此可以把玩手机的时间用来读书或写作。

如果作者没有应用数据分析的假设思维，可能就会白白浪费很多宝贵的时间。

应用逆向思维

作者借助"数据赋能系统"养成了"以终为始"的习惯，用早起倒逼早睡，用输出倒逼输入，取得了非常好的效果。

以前作者总是忙忙碌碌，但漫无目标，看不到成果。

现在作者对于自己的目标很明确，每天都过得很充实，感觉在使用"数据赋能系统"的 3 年里，获得的成果比之前 10 年还要多，并且都以数据的方式真实地记录了下来，还能用图表的形式呈现出来，让成果变得可见。

应用演绎思维

作者站在巨人的肩膀上，根据前人总结的经验、规律、模型、算法和原理等，不断升级优化"数据赋能系统"，设计了一套独特的算法，从记录的数据中计算出每天的"赋能分"，用来反映时间的利用效果。

这套算法综合考虑了多方面的因素，包括 8 个大类的花费时间，4 个象限的时间占比，每天最重要的事情是否完成，不同时段的情绪是否良好等。

另外，作者还运用游戏化思维，在"数据赋能系统"中设计了一个游戏机制，当用户给时间的价值进行定价之后，就能自动计算出每天赚了多少个金币，让用户意识到自己的时间很值钱，进而更加珍惜自己的时间。比如，作者在 2022 年 9 月 26 日，赋能为 16.43 分，情绪为 9.11 分，获得金币为 28 600 个。

应用归纳思维

作者在使用"数据赋能系统"的过程中，先发散思维，后收敛思维，每天进行复盘，从数据记录中归纳出一些有用的规律。

在使用"数据赋能系统"之后，作者不仅能从微观层面准确地知道，去年的今天几点几分正在做什么，做出了什么成果，情绪怎么样，正在培养什么习惯，还能从宏观层面进行数据分析和复盘，反过来推动自己进一步的提升。

总之，"数据赋能系统"综合运用了数据分析的 9 种思维，通过感知数据、认知规律、帮助决策和付诸行动的正向循环，帮助用户掌控时间、情绪和习惯，实现用数据赋能成长，从而能够更好地完成目标。

作者从 2018 年开始研发和使用"数据赋能系统"，经过很多次的更新迭代，不断优化用户的使用体验，并经过实践检验，证明确实有效之后，开始邀请社群的朋友一起使用，希望能够帮助更多人掌控时间、情绪和习惯。

朋友们在使用之后，给予了积极的反馈，如这个系统太强大了，使用之后每天多出了不少时间；解决了时间的量化问题；有一种用未来的眼光看现在的即视感；深深地感受到这个系统的科学性与合理性；可以清楚看到每天工作了些什么，又学习了些什么，在什么地方浪费了时间，什么地方安排不合理；金币这个设置太贴心了，成就感十足；惊为天人！

还有更多朋友的积极反馈在此不再赘述。如果读者感兴趣，可以在关注作者的微信公众号"林骥"后，发送"赋能"，了解更多关于"数据赋能系统"的相关信息。

如果读者能够真正理解和学会应用数据分析的 9 种思维，并配合使用数据分析的工具，也可以开发出属于自己的系统，实现用数据为自己赋能。

在第 2 章中，作者简单介绍了数据分析的 7 种工具，对大部分读者来说，只要学会应用其中的 Excel，就能解决 80% 及以上的数据分析问题。作者认为，读者不必学习每种工具，按照自己的工作需要进行学习即可。

本 章 复 盘

本章介绍了数据分析的 9 种思维，分成 3 个模块：理解现状、分析原因和预测未来。

（1）目标思维：包括正确地定义问题、合理地分解问题和抓住关键的问题 3 种方法。在运用目标思维时，要遵循 SMART 原则。

（2）对比思维：包括与目标对比、与上个月对比、与去年同期对比、分渠道对比和与同类对比 5 种方法。在运用对比思维时要注意两点：一是比什么，二是和谁比。

（3）细分思维：包括按时间细分、按空间细分、按过程细分、按公式细分和按模型细分 5 种方法。细分是数据分析的灵魂。

（4）溯源思维：在运用溯源思维时，要多问几个为什么，从第一性原理出发，洞察事物的本质，找到问题背后的根本原因，从而洞见更多有价值的信息。另外，还要注意明确目标，反求诸己。

（5）相关思维：包括收集相关数据、绘制散点图形和计算相关系数 3 个步骤。注意：相关关系不等于因果关系。

（6）假设思维：包括提出假设、统计检验和做出判断 3 个步骤。在运用假设思维时，要遵循大胆假设，小心求证原则。

（7）逆向思维：包括结构逆向、功能逆向、状态逆向、原理逆向和方法逆向 5 种方法。

（8）演绎思维：从一般到个别的过程，主要形式是"三段论"，由大前提、小前提和结论组成。

（9）归纳思维：包括求同法、求异法、共用法、共变法和剩余法 5 种方法。与演绎思维相反，归纳思维是从个别到一般的过程。

这 9 种思维，可以被广泛应用于许多方面，如掌控时间、管理情绪、分析习惯。读者可以举一反三，将其应用到其他的方面，真正实现用数据化解难题，让分析更加有效。

第 2 章

数据分析工具

- Excel：应用最广泛的数据分析工具之一

- Tableau：敏捷商务智能的展现工具

- SQL：结构化的查询语言

- SPSS：老牌的统计分析工具

- SAS：强大的统计分析工具

- R：专业的数据分析工具

- Python：重要的数据分析工具

在古龙写的《七种武器》小说中，有 7 种非常厉害的武器，它们分别是长生剑、孔雀翎、碧玉刀、多情环、霸王枪、离别钩和箱子，每种武器背后都有一段精彩离奇的故事，这些故事背后隐藏某种神奇的力量，如微笑、自信、诚实、仇恨、勇气、戒骄戒躁等。

数据分析的工具有很多，作者选择其中 7 种，即 Excel、Tableau、SQL、SPSS、SAS、R、Python，把它们分别比作 7 种武器中的一种，并进行简单的介绍。

数据分析工具方面的书籍和资料有很多，本书不进行详细介绍，感兴趣的读者可以阅读相关的书籍或软件的帮助文档。

2.1 Excel：应用最广泛的数据分析工具之一

作者把 Excel 比作长生剑，是指其背后隐藏的力量是微笑，表达的是无论遇到多么大的困难，都要保持微笑。

Excel 在数据分析中的地位，可称得上"长生"二字，有了这柄长生剑，就能够解决许多常见的数据分析问题。Excel 的最大优势是功能全面并且强大，入门非常简单，是应用最广泛的数据分析工具之一。

Excel 中的函数、数据透视表、数据图表、VBA 等功能，可以让数据分析工作变得更加轻松而且高效，把人们从枯燥繁重的机械式劳动中解放出来。

市场上关于 Excel 的书籍和视频课程有很多，读者可以利用网络搜索相关资料并学习，重点是要学以致用，在实践中应用所学的知识，切实提高自己的工作效率。

花时间学会 Excel 的使用技巧，是作者认为非常划算的一笔投资，前期投入大约 100 个小时的学习时间，可能换来后面节约 1000 多个小时的工作时间。

凡是在工作中需要经常重复的操作，都值得花时间去学习更加便捷的方法，并将其熟练应用起来，这样就能节约很多时间。

2.2　Tableau：敏捷的商务智能展现工具

作者把 Tableau 比作孔雀翎，是指其背后隐藏的力量是自信，表达的是充分认识并发挥自己的优势和潜能。

Tableau 是一款定位于敏捷的商务智能展现工具，可以用来实现交互的数据分析图表，帮助企业快速认识和理解数据。用 Tableau 做出来的图表，如同孔雀的尾羽，颜色鲜艳美丽。

Tableau 提供了非常新颖且容易使用的界面，可以将数据转换为令人赞叹的视觉对象，让仪表盘和交互式报表变得更加简单，方便从不同的角度看出数据背后隐藏的规律。

在学习 Tableau 的过程中，千万不要被它迷人的外表迷惑，需要注意理解其中的原理，这样才能更好地使用它去解决实际的业务问题。

Tableau 的产品体系很丰富，不仅包括桌面端设计和分析工具 Tableau Desktop，还包括适用于企业部署的 Tableau Server，以及适用于网页的免费 Tableau Public（功能有一定限制）。

其他同类的 BI 软件，如 Power BI 等，也可以比作孔雀翎。

2.3　SQL：结构化的查询语言

作者把 SQL 比作碧玉刀，是指其背后隐藏的力量是诚实，表达的是内心与言行一致，不虚假。

SQL 的全称是 Structured Query Language，意思是结构化查询语言。SQL 是访问和处理关系数据库的计算机标准语言，它功能非常强大。由于它的设计非常巧妙，因此只要用非常简洁的语言，就能实现对数据进行增加、删除、修改和查询等操作。

1986 年，美国国家标准学会（ANSI）首次制定了 SQL 的标准，但是当时能够实现的功能非常有限，无法完全满足实际的需要，数据库厂商为了弥补这些不足，展现自己公司的优势和独特性，所以纷纷追加所需的功能，不遗余力地开发各自特定的 SQL，导致出现有些 SQL 在某些数据库中无法执行的情况。

作为数据分析师，需要具备熟练使用 SQL 从数据库中查询数据的能力。数据库的类型有很多，包括 Oralce、SQL Server、MySQL、MariaDB、PostgreSQL 等。虽然查询不同的数据库所使用的 SQL 语法会有些差异，但基础的语法和结构大体都是相同的。

标准的 SQL 语法经过多次修订，功能已经十分完善。如果读者是 SQL 的初学者，那么建议先从标准的 SQL 语法开始学起。

2.4　SPSS：老牌的统计分析工具

作者把 SPSS 比作多情环，是指其背后隐藏的力量是仇恨，表达的是对现实状况强烈的不满。

SPSS 的全称是 Statistical Product and Service Solutions，意思是统计产品和服务解决方案。

1968 年，美国斯坦福大学的 3 位研究生开发了 SPSS 软件，并于 1975 年在美国芝加哥市成立了 SPSS 公司。2009 年 IBM 公司收购了 SPSS 公司，所以 SPSS 软件后来改名为 IBM SPSS。

SPSS 的基本功能包括数据管理、统计分析、图表分析、数据挖掘、预测分析等，它的界面非常友好，只要单击一下鼠标，就能得出大量专业的分析结果，并且界面美观，所以得到了很多数据分析专业人士的青睐。

但是，SPSS 中的分析方法和模型是否适用于自己的分析？分析的参数如何调整优化？分析的结果如何解读和应用？

这些问题有可能会让很多初学者心生懊恼，在从简单到复杂的过程中，可能会产生比较大的情感落差，所以作者把 SPSS 比作多情环。

2.5 SAS：强大的统计分析工具

作者把 SAS 比作霸王枪，是指其背后隐藏的力量是勇气，表达的是主动迎接挑战，势必所向无敌。

SAS 的全称是 Statistical Analysis System，意思是统计分析系统。SAS 堪称数据分析软件中的"巨无霸"，是美国北卡罗来纳州立大学 1966 年开发出来的统计分析软件。

SAS 的功能非常强大，统计方法齐全，是由数十个专用模块构成的，功能包括数据访问、数据存储及管理、应用开发、图形处理、数据分析、报告编制、运筹学方法、计量经济学与预测等，被广泛应用于科研、教育、生产和金融等领域。

SAS 的功能起步于统计分析软件包，但并未止步于此。20 世纪 80 年代中期，SAS 的功能已经扩展到图形、在线数据录入等领域。20 世纪 90 年代，SAS 家族的功能已经发展到包括数据可视化、数据仓库管理等，并且在不断扩充新的功能。

学习 SAS 需要很大的勇气，因为它比较难学，要写很多代码，但是一旦学会了，就能用它来做很多事。

2.6　R：专业的数据分析工具

作者把 R 比作离别钩，是指其背后隐藏的力量是戒骄戒躁，表达的是永远保持谦虚进取的精神。

R 是一套免费的开源数据分析解决方案，诞生于 1980 年左右，它拥有顶尖的制图功能，可以轻松地从各种类型的数据源中导入数据，并进行交互式的数据分析。

尽管 R 有很多优势，其中有大量成熟、实用的统计分析工具包，让人难以割舍，但是自从作者用了 Python 之后，就渐渐远离了 R，因为 Python 的适用范围更广，使用的人更多，学习的资料也更加丰富多样。

在时间和精力有限的情况下，当使用一种语言就能满足更多需求，并且由此带来的好处比较明显时，作者认为会有越来越多的人选择走使用一种语言的路线。

2.7 Python：重要的数据分析工具

作者把 Python 比作箱子，是指其背后隐藏着一种神奇的力量。

Python 起源于 1989 年的圣诞节期间，是其创始人 Guidovan Rossum 为了打发放假的无趣时间而设计的一门新的编程语言，可作为 ABC 语言的替代品。

随着 Python 版本的不断更新，其新的功能越来越多，它就像一个神奇的宝箱，里面的能量似乎取之不尽，用之不竭。

Python 配 上 NumPy、Pandas、Matplotlib、Scikit-learn、TensorFlow 等库以后，如虎添翼，成为数据科学、机器学习及数据可视化等领域最为重要的语言之一。

在数据分析的江湖中，如果没有顺手的武器，那么英雄也有可能无用武之地。尽管武器很强大，但是工具总是"死"的，更重要的是能领悟它的运用之道。

一件武器是否能发挥价值，主要还得看使用它的是什么人。

避免让工具成为限制因素，顺应时代发展的潮流，在选择好工具后，尽可能熟练运用它，最好的方法就是不断练习，并在实际工作中反复使用它，总结其中规律性的东西，再加上一些自己的感悟，将其升华为思维。

在日常的工作中，要更加注重数据分析思维的培养和锻炼，不要盲目陷入数据分析工具的深渊。

在埋头干活时，也要适当地抬头看路，看看方向是否正确，如果方向搞错了，那么离目标可能会越来越远。

本 章 复 盘

本章介绍了数据分析的 7 种工具，作者分别把它们比作 7 种武器。

（1）Excel：应用最广泛的数据分析工具之一。Excel 在数据分析中的地位可称得上"长生"二字，所以作者把它比作长生剑。

（2）Tableau：敏捷的商务智能展现工具，可以用来实现交互的、漂亮的数据分析图表，所以作者把它比作孔雀翎。

（3）SQL：结构化的查询语言，可以用来对数据进行增加、删除、修改和查询等操作，语言简洁但功能强大，所以作者把它比作碧玉刀。

（4）SPSS：老牌的统计分析工具，操作比较简单，但对统计分析结果的解读并不容易，初学者在使用过程中可能会产生心理落差，所以作者把它比作多情环。

（5）SAS：强大的统计分析工具，功能非常强大，统计方法齐全，堪称"巨无霸"，所以作者把它比作霸王枪。

（6）R：专业的数据分析工具，免费开源的统计分析软件，在专业学术领域应用比较多，但是随着 Python 的普及，很多人选择使用 Python 将其代替，所以作者把它比作离别钩。

（7）Python：重要的数据分析工具，功能包罗万象，像一个神奇的"百宝箱"，里面的能量似乎取之不尽，用之不竭，所以作者把它比作箱子。

第 3 章

数据分析的学习方法

- 数据分析学习指南
- 精准搜索学习资料
- 高效学习的 6 种方法
- 高效学习的 36 种思维
- 数据分析的精进之道

作者在从事数据分析工作的 10 多年间，经常被人问起：

- 学习数据分析有哪些方法？
- 做数据分析师需要学习哪些内容？
- 数据分析的学习路径是怎样的？
- 如何快速找到自己所需的学习资料？
- 高效学习的方法有哪些？

本章将会一一解答这些问题。

3.1　数据分析学习指南

本节将介绍学习数据分析的方法、内容和路径。

学习方法

数据分析的学习方法，概括起来就是"三多"：多维度、多提问、多分享。

多维度是指当面对一个很难理解的事物时，不妨换一个纬度想一想，也许就豁然开朗了，因为知识往往都是相通的。

多提问是指当遇到难题时，可以问搜索引擎，也可以问别人，还可以反过来问自己。

如今网络资源非常丰富，提炼好关键词，善用搜索引擎，很多问题都能找到多种解决方案。

当遇到难题时，在充分思考的基础上要多提问。如果是问别人，那么应在充分思考的基础上注意提问的技巧，把问题准确地描述清楚。如果是问自己，那么推荐使用如图 3-1 所示的 5W2H 分析法，又叫七问分析法，它简单实用，易于理解，并且富有启发意义，广泛用在企业管理中，对于查漏补缺和有效决策都非常有帮助。其具体介绍如下。

图 3-1

- What：是什么？目的是什么？做什么工作？
- Why：为什么？为什么要做？可不可以不做？有没有替代方案？
- Who：谁？由谁来做？
- When：何时？什么时间做？什么时机最适宜？
- Where：何处？在哪里做？
- How：怎么做？如何提高效率？如何实施？方法是什么？
- How much：多少？要做到什么程度？数量如何？质量水平如何？费用产出如何？

多分享是指当解决问题之后，把答案分享出来，这样在帮助别人的同时，还能巩固自己所学的知识，并提高自己的专业影响力。

分享的方法包括公开自己的学习笔记、在微信公众号发表文章、给同事和朋友讲解、在社群进行分享、制作视频课程等。

学习内容

数据分析的基础主要是一些统计学知识，而业务往往是在动态变化的，数据分析师对业务逻辑的理解也应该与时俱进，要积极与懂业务的人进行沟通交流，这样可以加深对业务逻辑的理解。

另外，数据分析师还要学习分析思维，熟练使用分析工具。在网络上有大量数据分析工具的学习资源。俗话说"磨刀不误砍柴工"，利用好数据分析工具，往往能够事半功倍，但是要注意灵活运用，不要把时间花在磨刀背上，而要把时间花在磨刀刃上。

数据分析需要学习的内容主要包括：基础知识、业务理解、分析思维、分析工具、思维模型等。

基础知识包括一些数学、统计学、经济学、心理学等方面的基础知识，建议读者阅读一些相关的专业书籍，读者不需要精通其中的理论原理，但需要大致理解其中所表达的思想。

业务理解主要是通过熟悉业务流程，积极与懂业务的人多沟通交流，这样可以加深自己对业务的理解。

分析思维请参考第 1 章：数据分析的 9 种思维。

分析工具请参考第 2 章：数据分析的 7 种工具。

思维模型请参考第 7 章：数据分析的思维模型。

需要始终记住，数据分析是为业务服务的，重点是要满足业务的需求。所以数据分析师要在理解业务逻辑的基础上，运用数据分析思维和工具，想方设法为业务赋能。

学习路径

数据分析的学习路径包括以下几个环节，如图 3-2 所示。

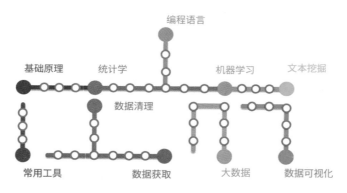

图 3-2

（1）基础原理：需要掌握矩阵和线性代数等知识。

（2）统计学：需要掌握描述统计和贝叶斯理论等知识。

（3）编程语言：需要掌握 Python 和 SQL 等语言。

（4）机器学习：需要掌握决策树和神经网络等知识。

（5）文本挖掘：需要掌握支持向量机和关联规则等知识。

（6）数据可视化：需要掌握 D3.js 和 Tableau 等工具。

（7）大数据：需要掌握 Hadoop 和 MongoDB 等工具。

（8）数据获取：需要掌握数据调查和 ETL 等知识。

（9）数据清理：需要掌握主成分分析和分层抽样等知识。

（10）常用工具：需要掌握 Excel 和 Power BI 等工具。

其中，每条学习路径深入走下去都不容易，如果每个领域都深入学习，恐怕一辈子都学不完。以上知识都属于硬技能，在职场中软技能也比较重要，如写作能力、沟通能力等。

> ● **注意：** 建议读者选择一条适合自己的学习路径，并充分发挥自身的优势，与实际的工作相结合，在学习致用的过程中，不断提升自己的核心竞争力。

3.2　精准搜索学习资料

当学习遇到问题时，如何快速地找到自己所需的学习资料呢？

下面介绍几个精准搜索学习资料的技巧。

（1）尽量避免口语化。

在搜索关键词时，尽量避免口语化，因为有的口语化词语可能不会显示出来。例如，在搜索"在哪里可以找到数据分析资料"时，关键的"资料"信息可能并没有在前排显示出来。

对此建议尽量避免口语化，把关键词"数据分析"和"资料"提炼出来进行搜索。

另外，寻找学习资料通常是想把它下载到自己的计算机中学习，因此可以增加关键词"下载"，每个关键词之间用空格分开，这样搜索出来的结果更加精准。

（2）使用多个关键词。

在搜索时，可以使用多个关键词。假如想要找的是用 Excel 做数据分析的相关资料，因为"数据分析"这个关键词太宽泛了，所以可以再增加一个关键词，即"Excel 数据分析资料 下载"，这样搜索出来的结果更加精准。

建议读者根据自己的实际需求，养成使用多个关键词搜索的习惯。

（3）把搜索词放在双引号中。

在搜索时，可以把搜索词放在英文状态下的双引号中。因为英文状态下的双引号，代表完全匹配搜索。也就是说，搜索结果返回的页面中包含双引号中出现的所有词，顺序也完全匹配，如搜索"数据分析"。

（4）站内搜索。

在搜索时，可以在关键词后面加上"site:×××.com"，表示在×××网站中搜索。例如，在搜索框中输入"数据分析 site:zhihu.com"，表示在知乎网站内搜索"数据分析"。

（5）指定文件类型。

在搜索时，可以在关键词后面加上"filetype:×××"，表示搜索类型为×××的文件。例如，在搜索框中输入"数据分析 filetype:pdf"，表示搜索类型为 pdf 的文件。

（6）以图搜图。

在搜索时，单击搜索引擎中的搜索框右边的照相机图标，可以上传本地图片，搜索出相似的图片，并可显示图片来源。图 3-3 所示为以图搜图。

数据分析　　　　　　　　　　　　　　　　　　　　　×　◎

图 3-3

3.3 高效学习的 6 种方法

高效学习的方法有哪些？下面介绍 6 种高效学习的方法。

（1）以解决问题为目的。

在日常的工作或生活中，通常有各种各样的任务。在完成任务的过程中，可能会遇到一些问题，此时是最好的学习时机，以解决问题为目的，学习相关的知识技能，带着任务边做边学，这样学习的效率通常比较高。

以前作者在学校读书时，在一家单位实习，从事数据分析工作，一开始作者基本什么都不懂，为了完成工作任务，解决工作中遇到的问题，每天利用上下班坐公交车的时间，学习 Excel 实用技巧和 SQL 数据库查询等相关知识，虽然当时学习环境没有图书馆好，但是学习效率很高，几个月下来，作者使用数据分析的相关技能变得很熟练。

（2）适当控制学习的难度。

研究表明，当学习的内容有 15.87% 是新知识时，学习效率是最高的。

想象一下，假如当年作者在单位实习时，一开始就看难度非常高的专业书，那么很有可能看不下去，这样高效学习也就无从谈起了。

（3）以教为学。

当需要学习一个新的技能时，可以抱着学完了要去教别人的态度，多进行归纳和总结，并努力去教会别人，如写一篇文章。

作者以前写的数据分析相关文章，大多都是自己学习的总结，通过输出倒逼输入。把写的文章分享出来，一方面可以加深自己的理解，把从别人那里学来的知识变成自己掌握的知识；另一方面有可能会帮助到其他需要学习的人。

从长远来看，利他必然利己。

（4）保持专注。

专注力是高效学习的重要因素，在一段时间内专注于学习某一项技能，通过大量反复刻意的练习，达到熟练掌握的程度。

要学会做减法，因为生命有限，但知识无限，面对浩瀚的知识海洋，不可能学得面面俱到，所以需要懂得取舍，保持专注。

（5）应用反馈。

当学完一些知识之后，要想办法将其应用在实际工作或现实生活中，学以致用。比如，用自己的话写一篇摘要文章，这样能够起到自我反馈的作用，让自己大致了解对所学知识的掌握程度，进而有针对性地查漏补缺，提高学习效率。

特别提醒一下，写摘要文章千万不能照搬原文，一定要用自己的话重新描述，否则学习的效果会大打折扣。

（6）搜索求助。

当遇到问题百思不得其解时，可以通过搜索来寻找答案。

如果通过搜索仍然无法解决问题，那么可以向相关专业人员求助，如到网络平台提问，或者问老师、同学、领导、同事、朋友等。可能自己思苦冥想好几天都毫无进展事经别人稍微点拨一下就豁然开朗了。

3.4　高效学习的 36 种思维

除上面介绍的 6 种方法以外，在《高效学习 7 堂课》中，秋叶老师总结了高效学习的 7 种能力，即定位能力、框架能力、精进能力、联机能力、复盘能力、输出能力、迁移能力，这 7 种能力的背后包含 36 种思维。

下面作者结合自己的故事和工作经验，分别讲述这 36 种思维。

（1）目标思维。

2008 年，作者正在读研究生，再过一年即将毕业，那时作者的实践能力比较弱，对未来感到很迷茫，不知道自己该干什么。

所以作者当时的首要目标就是找工作，先解决温饱问题，再寻求突破。

（2）排除思维。

有了目标之后，作者在招聘网站上投了很多份简历，发现就像石沉大海一样，没有回音。

作者对此做了反思，自己用广撒网的方式投简历效果太差，应该学会聚焦，排除那些明显不适合自己的公司和职位，只保留一个求职方向。

因为作者学的专业是数学，感觉数据分析师这个职业挺适合自己的，所以作者排除了其他选项，并修改自己的简历，尽量去贴合数据分析师的要求。

（3）串联思维。

通过聚焦，作者终于找到了一份数据分析师的实习工作，在刚开始实习时，把全部业余时间都用于学习 Excel、SQL、SAS 等数据分析工具，并在实际工作中应用，提升工作的效率。

后来，作者意识到技术的进步是没有止境的，不能只关注技术，还应该培养其他能力，因为在不同的阶段，需要的能力结构也是不同的。要获得进步，就要打破原来的能力边界。所以，作者主动去与业务相关的人员进行沟通交流，理解业务的需求和痛点，想办法解决业务中遇到的问题，让数据更有价值。

再后来，作者成了团队的领导，需要带领团队成员一起去完成更多的任务。这时，作者迫切需要学习的是管理能力，经过摸索实践，作者学会一种 OKR 工作法，希望打造一个学习型的技术团队，让团队成员具有自我成长的能力，营造一种激发全员创造力和积极性的文化。

作者努力把自己变成一个教练型的研究者和设计者，而不是命令型的控制者和监督者。作者知道这条路还很长，自己的能力还有很多短板，但是有了方向，分阶段去学习，把每个阶段学到的能力串联起来，相信总有一天，作者能到达期望的终点。

（4）标签思维。

2012 年，作者开通了微博账号，起名为"数据化分析"，寓意用数据化解难题，从此作者把"数据化分析"作为自己的一个标签。

作者用"数据化分析"这个网名在博客上发表文章，有的文章获得大量转发，其中一篇文章的最高阅读量有 5 万人次左右，让作者在数据分析领域有了一点小小的影响力。

（5）平台思维。

比较遗憾的是，作者的平台思维相对比较薄弱，当大家纷纷开始运营微信公众号时，作者忙于解决现实中遇到的各种问题，在很长的一段时间内，基本放弃了写作，错过了借助微信公众号放大影响力的黄金时间。

直到 2019 年，作者才恢复写作，并在微信公众号上发表文章。因为作者不想被"数据化分析"这个标签束缚住自己的写作题材，所以把微信公众号的名字改成了"林骥"，这样只要是作者认为有价值的东西，就都可以发表。比如，发表读书思考和复盘总结等系列文章。

作者努力用高质量的输出倒逼高质量地输入，用利于他人的思维进行写作，通过一点一点地积累自己的平台势能，争取帮助到更多的人。

（6）地图思维。

曾经有一段时间，作者每天重复着制作报表的工作，没有对数据进行思考和分析，不知道数据分析的目标是什么，感觉自己正在逐渐沦为"制作报表的机器"。

在技术不断进步的时代，机器也在不断学习，并且正在变得越来越智能，越来越多的工作将由机器完成，这样发展下去，作者感觉自己的职业前途堪忧。

作者意识自己应该洞察数据背后有价值的信息，并把信息结构化，变成知识地图，进而让自己对事物发展具有前瞻性的智慧。

（7）专家思维。

为了建立像专家一样的视野和格局，作者初步搭建了一个数据分析的知识框架，后来经过思考、实践和调整，按照后台、中台、前台进行分类，并用思维导图画了出来。

（8）归纳思维。

归纳思维，指的是由个别到一般的过程。比如，金、银、铜、铁都能导电，由此归纳出一般结论：金属能导电。

在实际的工作中，运用归纳思维时可以搭配使用 MECE（Mutually Exclusive，Collectively Exhaustive，相互独立，完全穷尽）原则。

比如，人可以细分为男性和女性，这样细分既相互独立，又完全穷尽。因此，根据男性有两只手，女性也有两只手，就能归纳总结出人人都有两只手的结论。

假如把人细分为男性和小孩，就不符合 MECE 原则，因为小孩也有男性和女性之分，所以这样细分既没有相互独立，又没有完全穷尽。因此，假如发现男性和小孩都不涂口红，不能据此归纳出人人都不涂口红的结论。

（9）自学思维。

建立了知识框架以后，作者开始一步一步地自学相关的内容，此时作者的学习模式发生了很大的变化。

作者以前看一本书，通常都是从头看到尾，可能看到后面忘了前面，学习效果大打折扣。自从有了知识框架，作者采用按需学习的模式，针对某个知识点可能会看好几本书，看看不同作者分别是怎样写的，以增进对所学知识的理解，如果还是有不明白的地方，就去网上搜索相关资料。

比如，作者在写 Python 系列文章时，同时看了好几本相关的书，参考了 Pandas 的官方文档，还看了一些微信公众号作者的文章，就是想通过高质量的输入，倒逼自己输出高质量的文章。

（10）木桶思维。

一个人的能力木桶由 3 个部分组成，硬能力是底板，软能力是围板，软素质是箍绳。

对于数据分析工作，硬能力是要掌握数据分析的工具和思维，软能力是要学会沟通和表达，软素质是要有健康的身体和心理，包括细心、耐心和恒心。

数据分析专业领域的研究可以穷尽一个人一辈子的精力，假如只有硬能力，没有软能力和软素质，那么很可能木桶就围不起来，很难获得合理的回报。

（11）长板思维。

在拥有了一个木桶之后，接下来应该做什么？

作者的做法是尽可能把长板变得更长，用心打磨"数据化分析"这个标签，撰写数据分析系列文章，提升数据分析的硬能力，同时练习写作的软能力。

作者学习某一项技能，目的通常是解决问题。比如，作者现在练习写作能力，因为文字是人与人交流的重要工具，而良好的写作能力能更好地传递思想。

（12）换桶思维。

木桶有大有小，一个人的成长就是不断升级换桶的过程。

作者先是一个在校学生，之后成为一名数据分析师，然后给自己找了一个"数据化分析"的标签，从带领一个人，到带领一个大的团队，回顾这个过程，正好符合前面说的 3 种思维，也就是先打造一个小木桶，再做一个有长板的木桶，然后换一个大木桶。

（13）逆袭思维。

在《高效学习 7 堂课》中有一句比较痛心的话：请不要用工作量的积累掩饰自己低水平的重复，这样永远不会像高手那样逆袭。

作者刚开始使用 Excel 做数据分析时，有大量简单重复的操作，为了提高工作效率，作者买了一本 Excel 实战技巧方面的书，通过学习书中的技巧学会熟练运用 Excel 之后，很多原来需要半天才能完成的工作，现在半个小时就搞定了。

要想办法从低水平的重复工作中解放出来，有时间和精力去完成更大的目标，才有逆袭的可能。

（14）高手思维。

要成为某个领域的高手，需要 10 000 小时的刻意练习，而不是 10 000 小时的简单重复。比如，很多人在学习英语上花费的时间绝对超过 10 000 小时，但是英语水平较低的人却比比皆是。

在技能练习方面，有一个公式：

快速掌握技能 = 好的练习方法 × 足够的时间 × 合理强度 × 专业教练反馈

作者刚开始学习数据库查询语言 SQL 时，看的是一本 SQL 入门方面的书，作者是数据库教学与应用的专家，与看网上那些杂七杂八的文章和教学视频相比，作者觉得看经典书籍的学习效果要好得多。

好的练习方法，需要在实际工作中加以应用，用于解决工作中遇到的问题。

利用互联网的优势，获得专业教练的反馈变得更加便利。如果有些问题经过认真思考，通过搜索也无法解决，那么可以试着去找专业教练进行提问。

（15）成本思维。

学习一项技能，达到专业水平需要花 10 000 小时，如果每天学习 4 小时，每年学习 250 天，就需要花 10 年时间。

人这一辈子，能有几个 10 年用来学习啊！

所以，学习也要有成本意识，绝大部分技能并不需要练到专业级别，只需用 1000 小时达到熟练程度，就可以满足工作需要。比如，作者练习写作，并不期望达到作家的水平，只要能够熟练写出自己的思想，达到让读者容易理解，并且能够让读者有所收获的程度就可以了。

（16）教练思维。

高水平的教练懂得控制训练难度，知道循序渐进，并变换自己的训练方案，让人能够坚持进行艰苦的训练。

有研究表明，当学习的内容有 15.87% 是新知识时，学习难度适中，学习效率是最高的；当学习难度太高时，人容易焦虑；当学习难度太低时，人容易觉得无聊。

作者曾经买过一本 SAS 方面的书，这本书有 863 页，当时作者还没有 SAS 编程基础，这么厚的一本书摆在作者面前，让作者产生了畏难情绪，结果这本书到目前为止都没有看完。

如果作者当时知道教练思维，就不会在还没有入门的情况下，去买这么厚的一本书。

后来作者开始学习 Python，总结之前的经验教训，先看了一本 Python 入门的书，在有了一定的基础之后，再开始看利用 Python 进行数据分析的书。

（17）整合思维。

现代社会，人们的时间正变得越来越碎片化，如果能把零散的碎片时间整合到一个目标上，用知识框架整合碎片时间的学习成果，那么学习目的会更加明确，注意力会大大提高，经过日积月累，能提升自己解决问题的能力。

作者日常的工作很忙，还要经常加班，只能想办法把碎片时间充分整合起来。

作者的做法是，在上班和下班的路上进行学习，坐车时看一看书，走路时听一听音频，一旦发现与知识框架相关的信息，就整合进去，进而不断丰富自己的知识体系。在思维导图中的体现，就是分支变得越来越多，但是都与目标相关联。

作者在睡觉之前，或者在周末及节假日时，如果有空余时间，就会把一些零散的知识整合起来，写到相关主题的文章中。

（18）网络思维。

虽然互联网倡导网络互联，但是由于现在很多大型的互联网公司会考虑自己的商业利益等因素，因此网络实际上正在变得越来越封闭，所以不要指望仅靠一个网站就能解决所有的问题。

因此，搜索不同类型的内容，建议用不同的网站。

比如，当作者要找数据分析算法的代码时，通常会优先去 GitHub 网站搜索。当作者遇到与程序相关的专业难题时，通常会到 Stack Overflow 网站上去寻找答案，因为在这个网站上有很多专业高手，问答基数大，问题审核比较严格。

（19）搜索思维。

作者在工作、生活和学习中，都严重依赖搜索思维，每次遇到问题就喜欢搜索一下，基本上 80% 的问题都能通过搜索找到答案。

以前，作者囤积过大量的电子书等资料，甚至把这些资料妥善整理并保存到移动硬盘中，花了大量的时间去下载收集和分类整理结果却发现，这些资料只是静静地放在那里，几乎从来不会被用到。

在学会搜索技巧之后，作者只对少数非常重要的资料进行分类整理，而对于那些通过搜索就能快速找到的资料，不再浪费时间去整理和存放。

（20）焦点思维。

在信息时代，每天的信息就像洪流一样涌现，如果没有焦点，就会容易感到焦虑。

当作者看到一条信息时，往往会先想一想，这条信息对自己是不是有用。如果没用的话，就采取"阅后即焚"的模式，看完直接删除或关闭界面。

对于真正有用的焦点信息，作者会尽量将其纳入自己的知识框架，让它和已有的知识产生关联。比如，作者在写读书笔记时，有时会连接一些以前写过的相关文章，这样不仅复习了以前的知识，而且增进了对新知识的理解。

在关注焦点信息的同时，作者注意到有一个词叫"功能性文盲"，指的是有些人在不断地印证自己的旧有观念，陷入"信息茧房"不能自拔，不愿意接受新的观点和看法，即使看到了对旧有观念构成挑战的信息，也统统当作没看到。

作者觉得应该避免变成"功能性文盲"，所以时常提醒自己，关注的焦点不能一成不变，要努力让自己的视野更广阔一点。

（21）台阶思维。

从入门到成为专家，是一个循序渐进的过程，就像走楼梯，沿着台阶一步一步往上爬，想要踏上更高的台阶，前面的阶梯是必不可少的。

（22）结构思维。

回顾作者早期的学习经历，发现大多数时候都是在被动地接受一些零散的知识，不断地收藏和下载新的学习资料，却很少用结构思维进行吸收内化。

直至搭建了知识框架，才形成了结构化的输入和输出，并将其用于指导自己的学习。

关于知识框架，作者在前面的章节中多次提到，前提是要有明确的目标。比如，做数据分析时的目标是使用技术促进业务，帮助业务解决问题，提升业务的效率。

目前有哪些技术能够促进业务呢？

作者想到了人工智能，为了系统地学习人工智能，进而更好地使用技术促进业务，作者初步搭建了一个知识框架，买了5本纸质书及3本电子书。

只有围绕明确的目标去搭建知识框架，结构才能牢固，否则搭建出来的可能就是花架子，一推就倒。

（23）拆解思维。

在学习技能时，仔细拆解高手的方法，比自己盲目学习要好得多。

比如，一个简单的柱形图，通过对标《经济学人》《华尔街日报》等专业杂志的配图，按标题、颜色、字体、坐标轴、网格线、标签、图标等一系列不同的元素进行拆解，上升为"道"的高度，而不是停留在"术"的层面，就能大大提升图表的专业气质。

（24）联系思维。

因果分析和相关分析，都是把事物联系起来的分析思维。

因果分析的代表方法是麦肯锡倡导的"现象—问题—原因—对策"，代表工具是"鱼骨图"，代表步骤是"连续问 5 次为什么"，通过追问前因后果，明确适用边界，发现问题的本质。

相关性是不能靠举例子来证明的，可以用数学模型来计算。例如，一个国家的人均巧克力消费量与这个国家的诺贝尔奖得主数量呈现正相关性，但是巧克力吃得再多，也不会使获得诺贝尔奖的机会增加。

（25）换位思维。

换位思考，理解别人的需要，想出互惠互利的方案，这样的合作才能长久。

在《了不起的我》中，陈海贤老师讲到了现代社会的 3 种负面思维方式：僵固型思维、应该思维和绝对化思维。作者对这 3 种方式的理解是都缺乏换位思维。

比如，作者参加一个大奖的评选，结果落选了，那作者应该怎么想呢？

在以下 6 个选项中，你觉得选哪个比较好？

- 我真的已经很好了，落选只是意外。
- 我就是不够好，落选是应该的。
- 这个评选很不公平，评委有偏见。
- 我失去一次重要机会，真是太遗憾了。
- 别太在意，这次评选没那么重要。
- 生活就是这样，并不是总能一帆风顺。

其实以上 6 个选项都不好，因为每个选项都是试图用一个抽象的解释，来让自己的现状合理化，并没有涉及接下来我该怎么办，从而丧失了和世界正确互动的能力。

（26）复利思维。

写作具有复利效应，因为写作可以复用到工作、学习和生活中的很多方面。比如，工作中写邮件、写方案、写计划、写总结、写报告等，学习中写读书笔记、写心得体会等，生活中写日记、写书信、微信聊天等。

如果写出了高质量的文章，那么还能带来认同、连接人脉、流量变现等复利。

（27）跃迁思维。

要真正实现跃迁，不能总是停留在低水平的输出上，而要对标专业选手努力。

比如，作为数据分析师，在学习使用 Excel 时，不能仅满足于会使用 VLOOKUP 等简单的函数，而要向一流的高手学习，努力掌握数据透视表、数据图表等更多专业的技能，这样才有可能实现跃迁。

在《高效学习 7 堂课》中，秋叶老师介绍了以下输出的 7 种模式。

- 记录笔记：用笔写胜过用手机拍照。
- 思维导图：把所学内容的逻辑画出来。
- 解读文章：带着自己的想法去消化新的信息。

- 对外分享：最好的学习就是自己去教别人。
- 内化实践：到现实中去印证别人的观点。
- 复盘文章：写出自己的深度心得。
- 课程研发：做培训课程或编写教材。

这 7 种模式的输出难度是依次递增的，可以看作难度由低到高的输出跃迁。

（28）问题思维。

提出一个好问题，往往能激发好的答案。比如，要了解数据分析领域，不妨先想一想以下 7 个问题。

- 数据分析领域涉及哪些概念？
- 数据分析的发展历史和前景如何？
- 最近两年的数据分析报告有哪些？
- 数据分析领域最知名的专著有哪些？
- 数据分析行业的竞争格局是怎样的？
- 数据分析领域里顶尖的企业有哪几家？
- 数据分析业界有什么大的活动？

如果带着类似这样一组结构化的问题去观察、学习和交流，并把信息梳理成知识体系，就能大大提高学习的效率。

（29）视觉思维。

数据分析图表、思维导图、视觉笔记和流程图等，都属于视觉思维的输出形式，如果应用得当，就能明显提高信息传递的效率。

作者认为视觉思维不仅要有视觉上的美观，还要有思维上的逻辑。

（30）清单思维。

怎样避免在工作、学习和生活中犯下低级的错误呢？

清单思维是一种比较好的办法。比如，在工作中，有句话叫"见邮件如见面"，所以应该重视职场的邮件礼仪，为了在发邮件时不犯低级的错误，作者总结了以下邮件发送前的检查清单。

- 发件人的显示名，应当用自己的中文真实姓名。
- 标题是邮件核心内容的总结，应当少于 20 字。
- 正文尽量用短句，不要有错别字。
- 如果需要附件，不要忘了添加，更不要添加错误。
- 前面要有称呼问候，后面要有自己的签名。
- 字体的大小和颜色要美观、简洁、干净。

清单思维就是把执行细节标准化，用来指导和规范日常的行为。

（31）成果思维。

学习之后，写读书笔记、画思维导图和列检查清单，都属于学习成果，但最根本的学习成果是解决问题的能力。

比如，作者进行数据分析，想找一个恰当的分析方法，通过搜索找到了合适的分析方法，这个问题就解决了，在这个过程中也锻炼了自己的能力。

高效学习者之所以高效，往往是因为他们利用所学的成果，解决了现实中的问题，用高质量的输出检验能力，而不是用低质量的输出感动自己。

（32）挑战思维。

想要进步，就要挑战自己，走出舒适区。

比如，作者学习了 Excel，后面扩展到 SQL，再扩展到 Python 和人工智能等领域，就是一步一步挑战自己的过程。

除了提高专业能力，还要训练写作能力、沟通能力、管理能力等，这些都是挑战。作者相信，在工作中勇于挑战，不断精进，就能得到成长。

（33）重复思维。

作者在学习数据分析时，往往会把数据分析思维、方法和模型，重复应用，多次训练，不断去印证、改进和完善，也就是"举三反一"。

比如，作者学习一种算法，除用参考书中的例子去练习以外，还会想办法将其应用到实际工作和现实生活当中。在促销活动开始之前，作者用线性回归算法预测了促销活动的交易额，等促销活动结束之后，作者再对预测过程进行复盘，总结改进的思路和完善的方法。

当所学的知识或能力得到消化以后，再去多个领域"举一反三"。

（34）套路思维。

不同的问题，往往有不同的套路，有时老套路能够解决新问题。

比如，"断舍离"是日本杂物管理咨询师山下英子提出的概念，作者试着用它来解决现代社会信息过载的问题，作者卸载了手机和计算机上的大量软件，专注于那些对自己确实有帮助的信息。

有时新套路也能解决老问题。比如，作者学习一些新的人工智能算法，用来解决以前难以解决的老问题。

（35）建模思维。

作者在读研究生时，参加全国研究生数学建模大赛，获得了二等奖，在参加建模大赛的过程中，作者觉得自己解决问题的能力、团队协作的意识、模式创新的思维都得到了锻炼。

建模思维有助于提升"模式识别"的能力，大多数人的模式识别方法过于简单，在没有经过训练之前，很难快速地做出理性的思考。比如，专业投资机构往往通过数据建模来开展工作，而业余的股民常常依赖直觉或小道消息买股票，因此后者更容易遭受损失。

（36）合作思维。

互惠互利的合作已经成为现代社会发展的基础和前提。

商业的进步就是分工深化和合作效率的进步。

比如，一支普通的铅笔，背后是原材料的加工，包括雪松和石墨等。获得雪松要有伐木工人，伐木工人要用电锯、绳子、鞋子、防护眼镜等。总之，要经过一系列非常复杂的工序，才能把铅笔制造出来，假如没有分工合作，完成这件事的难度是巨大的。在这个世界上，目前没有一个人能完全掌握制造铅笔所需的全部知识。

合作最重要的表现形式之一是交易。作为一名公司职员，就是在用自己的技能和时间获得相应的工资，再用工资去购买生活所需的其他东西。

在高速变化的商业世界里，你要依靠什么技术，以什么姿态加入分工？以什么效率级别参与合作？

总之，我们所从事的工作，本身就是促进能力成长的最佳舞台，关键是要选好方向、搭好体系、请好教练、用好网络，做好总结、强化成果、轻松跨界。

3.5　数据分析的精进之道

为了让读者数据分析的能力更进一步，下面作者把自己所学的一些知识关联起来讲一讲数据分析的精进之道。

在《精进 2：解锁万物的心智进化法》中，作者采铜想要回答的一个核心问题是，在现代社会，什么样的学习方法更有效。为了回答这个问题，采铜老师从一支普通的铅笔开始，生动地阐释了观察事物的 4 个视角，即材质、造型、装饰、工艺，作者把它们迁移到数据分析的学习中。

数据分析的材质

如果仔细观察，就会发现大多数事物的材质是"复合型"的，不同材质之间优势互补。比如，普通铅笔的材质主要包括木杆和墨芯，一硬一软，默契配合，很好地体现了物尽其用的精神。

材质是"复合型"的这个特点，不仅体现在实物上，还体现在虚构的文学作品里，那些脍炙人口的作品，表面上让你以为写的是"这个"，背后其实写的是"那个"。比如，金庸的武侠作品，表面上看是武侠小说，背后其实展现的是人情。

联想到数据分析领域，作者认为数据分析的材质主要包括分析工具和分析思维。例如，Excel、Python、SQL、R、SAS、SPSS、Power BI 等分析工具，以及目标、对比、细分、溯源、相关、假设、逆向、演绎、归纳等分析思维。

分析工具是数据分析师必备的硬件模块，它就像数据分析师的另一双手。分析思维是数据分析师必备的软件模块，它就像数据分析师的另一个大脑。如果一名数据分析师在自己的岗位上，没有提升自己应用分析工具和分析思维的能力，那么他的职业道路可能是很危险的。

在数据分析领域精进的道路上，通常会经历从"规范学习"到"自由创造"的过程。先学习硬技能，然后学习软技能，随着学习的不断深入，会发现模块种类还不够多，所以要引入新的模块，进而组合方式更加多样，于是产出也就变得更加多元和自由。

比如，一个刚入行的数据分析新手，往往先从简单的 Excel 表格开始，掌握 Excel 的函数、公式、数据透视表、数据图表等，然后学会运用对比、细分、溯源等分析思维。当水平到达一定高度以后，他会继续深入学习 Python、SQL 等分析工具，以及相关、假设等分析思维，把硬件和软件恰当地组合在一起，就能发挥出强大的力量。

作者很喜欢书中的一句话：硬件足够硬，软件足够多，这便是一个人才能的护城河。

数据分析的造型

我们看见的东西，都可以抽象成几何体的组合。比如，普通铅笔的横截面是一个六边形。从微观上看，铅笔的墨芯是由无数个六边形碳原子联结而成的。在日常世界和微观世界之间，出现了有趣的"同构"现象。

在数据分析领域，数据图表有很多类型，包括柱形图、条形图、折线图、散点图、气泡图、饼图、圆环图、箱线图、密度图、玫瑰图等。

京剧大师梅兰芳的表演既"合理"又"美观"。迁移到数据分析领域，也可以从合理和美观两个维度对数据可视化的十大黄金准则进行评判。

（1）明确数据可视化的目的（合理）。

（2）通过对比来反映问题（合理）。

（3）提供数据指标的业务背景（合理）。

（4）通过从总体到部分的形式，展示数据分析报告（合理、美观）。

（5）联系实际生产和现实生活，对数据指标的大小进行可视化（合理、美观）。

（6）通过明确而全面的标注，尽可能消除误差和歧义（合理、美观）。

（7）将数据图表与听觉上的描述进行有机的整合（合理、美观）。

（8）通过图形化工具，增加信息的可读性和生动性（合理、美观）。

（9）允许但并非强制，通过表格的形式呈现数据信息（合理）。

（10）让受众思考呈现的数据指标，而非数据的呈现形式（合理）。

在工作中，也要经常问一问自己：这个数据合理吗？这个图表美观吗？不断地进行优化调整，只有这样才能持续精进。

数据分析的装饰

一件产品的装饰，体现了这件产品的"风格"或"气质"，如果仔细观察，还能学到一些知识。比如，在铅笔的 6 个侧面中，通常有 3 个侧面刻字，有 3 个侧面留白，为什么这样设计呢？为了理解这一点，作者特意去买了一支中华牌六角铅笔，拿在手里旋转着看，无论怎么旋转，至少能同时看到两个侧面，每次都能看到侧面上的刻字和留白，看上去很和谐，这正好符合合理和美观两个标准。

联想到数据分析领域，如果仔细观察数据图表的装饰风格，那么也能从中学到一些知识。比如，玫瑰图是饼图的一种变形，最早是由一个叫南丁格尔的英国护士发明的。大约在 1856 年，南丁格尔利用玫瑰图的视觉效果，成功地让数据引起当时高层领导的注意，进而让医事改良方案得到支持。

虽然玫瑰图展现的形式大于内容，但是在南丁格尔当时的历史环境中，也有其合理性。

数据可视化要特别注意应用的场景，要加以合理运用，否则可能会适得其反。在工作中，建议不要使用过于花哨却不实用的图表，而要更加注重传递信息的有效性，同时兼顾合理和美观。

数据分析的工艺

工艺，是指对原材料进行加工和艺术改造，使其成为成品的方法和过程，其中有可能包含着一些通常人们想象不到的智慧。比如，对于铅笔的制作工艺，有人可能会想当然地认为，就是把墨芯插进的木制外壳里面。但是经过仔细端详和推测，会发现一个更合理的铅笔制作工艺，大致包括以下3个步骤。

第1步：取一个木制的"半壳"，凹面朝上放置。

第2步：把圆柱形的墨芯放置在"半壳"中。

第3步：把另一个木制的"半壳"，覆盖在上面。

联想到数据分析领域，对用户的数据进行分析，一种简单的方法是先按性别、年龄、地区等特征进行分类，然后贴标签，构建用户画像。但更真实的情形是，需要对用户的各种相关数据进行深入的研究，通过细致地分析，洞察其中真正有价值的"隐藏知识"。

隐藏知识往往来源于实践，其在商业世界中非常重要。比如，一种好吃的酱汁，不要小看它所蕴含的知识，这也许是某位大厨几十年经验的总结，也许是某些餐饮连锁企业成功的关键。

在进行数据分析时，经常会遇到3个问题：是什么？为什么？怎么做？第一个问题是"结果"，第二个问题是"原因"，第三个问题是"过程"。数据分析的工艺，通常就体现在这个"过程"之中，而提出有效的行动建议正是数据分析的价值所在。

数据分析的层级

从限制到自由，从新手到专家，都是一个循序渐进的过程，其中经过了无数次的循环刻意练习，不断进化，呈螺旋式上升。要想登上顶峰，前面的学习是必不可少的，否则根基不稳。

如果用德雷福斯技能获取模型表示数据分析师的层级，那么助理数据分析师属于新手，需要在指导下行动；数据分析师属于胜任者，能处理繁重的任务；资深数据分析师属于精熟者，能发现问题中最重要的部分；数据分析专家具备洞察"其他可能性"的视野。

总之，虽然世界复杂多变，但是我们可以主动去掌握一些普遍适用的规律。

> ● 注意：　作者有一个习惯就是凡事做记录，相信好记性不如烂笔头，而且在记录的过程中，会放慢速度又思考了一遍，这样进步反而更快，经验也更容易积累和传承。

本 章 复 盘

本章介绍了数据分析的学习方法、精准搜索学习资料的技巧、高效学习的 6 种方法、高效学习的 36 种思维和数据分析的精进之道。

数据分析的学习方法概括起来就是"三多"：多维度、多提问、多分享。数据分析需要学习的内容主要包括：基础知识、业务理解、分析思维、分析工具和思维模型。建议读者结合自己的实际情况，在学习的过程中，找到适合自己的学习路径，不断提升自己的核心竞争力。

精准搜索学习资料的技巧包括：尽量避免口语化、使用多个关键词、把搜索词放在英文状态下的双引号中、站内搜索、指定文件类型和以图搜图。

高效学习的 6 种方法包括：以解决问题为目的、适当控制学习的难度、以教为学、保持专注、应用反馈和搜索求助。

高效学习的 36 种思维对应 7 种能力：定位能力、框架能力、精进能力、联机能力、复盘能力、输出能力和迁移能力。

数据分析的精进之道：从材质、造型、装饰、工艺和层级的角度，探讨更加有效的学习方法。虽然世界复杂多变，但是我们可以通过掌握一些底层的规律，来提升自己的能力和层级。

希望读者在掌握数据分析的学习方法之后，能够更加有效地解决工作和生活中遇到的各种难题。

第 4 章

数据分析的基本方法

- 数据分析的 5 个步骤
- 数据分析的 8 个状态
- 数据分析的指标体系
- 如何提高数据敏感度
- 如何用数据解决实际问题
- 数据分析的 9 个问题

做数据分析工作，要多思考业务的实际情况，对数据指标进行解读，进而把有价值的信息提炼出来，解决业务的实际问题。

这个过程虽然看起来简单，但是需要反复、长期的刻意练习才能逐渐熟练掌握。刻意练习指的是有目的地训练，是一种不断改进的做法，也是一个不断积累的过程，积跬步以至千里。刻意练习的过程必须专注，需要认真地思考，并且及时验证和跟踪反馈。

比如，对于数据分析思路的训练：首先应该专注于解决问题；其次需要认真地思考问题；再次用数据进行验证，搞清楚问题的真正原因，进而提出解决方案；最后付诸行动，并跟踪反馈行动的效果。

4.1　数据分析的 5 个步骤

在实际工作和现实生活中，数据指标发生变化是一件很常见的事情，那具体应该如何分析数据指标的变化呢？

下面介绍数据分析的 5 个步骤。

确认数据源是否正确

如果数据源本身不正确，那么应该尽快修正数据源。实际上，因数据源不正确而导致数据指标发生异常变化的情况非常多，所以一定要先确认数据没有错误，不要报"假警"。只有确认数据源正确无误，才能进行数据分析。

判断变化的程度如何

判断数据变化的程度可以确认问题的轻重。常见的指标，如销售额，其波动是有一定范围的，根据历史经验，可以预设数据变化的预期值。如果数据变化是轻微的，在预期值的波动范围之内，那么通常可以不用深入分析；如果数据变化比较大，超出预期值，那么需要进一步分析；如果数据变化严重超出预期值，那么需要重点跟进分析。

判断数据变化的周期如何

如果数据变化是一次性的，那么要通过分析看其是否有持续的迹象；如果数据变化是周期性的，那么要通过分析看其是否符合周期性的规律，与上一个周期的数据进行对比，分析数据变化的趋势。比如，2 月的销售额下降，看是不是因为春节的影响；去年的春节是不是也在 2 月；与去年同期相比，今年销售额是上升了还是下降了。

数据变化的前、后发生了什么

单纯地看整体的数据，往往很难看清楚数据变化的真实原因，但是当缩小范围时，运用假设检验的思维方式，把数据变化和相关事件联系起来，大胆假设，小心求证，并进行深入的分析，更容易找到问题的根源。所以，熟悉业务和行业知识很重要。

事件可以细分为外部事件和内部事件，外部宏观层面的事件通常采用 PEST 分析模型，其中 P 是政治（Politics），E 是经济（Economy），S 是社会（Society），T 是技术（Technology）。

政治的影响可能是致命的，有可能让行业面临灭顶之灾，其他的影响更多是渐进式的。内部事件可能在短期内快速改变数据指标，如当绩效考核方案发生重大调整时，KPI（Key Performance Indicator，关键业绩指标）可能很快会发生变化。

一般数据分析的原则是，剧烈变化看政策，短期波动找内因，长期异动找外因。

细分维度有哪些

一般的商品销售业务通常包括人、货、场 3 个细分维度，其中"人"是指员工和客户，"货"是指销售的商品，"场"是指销售的场景，如线下的门店、线上的网店。

比如，某天整体销售额上涨了20%，是哪些员工、哪些客户、哪些商品、哪些渠道的销售额在上涨？上涨的主要原因有哪些？把表现比较好的数据标出来，总结成功的经验，未来在寻找解决方案时可以参考借鉴。

数据变化是很正常的现象，在发现数据指标变化之后，先要确认数据本身的正确性，然后要分析数据变化的程度、周期、相关事件、细分维度等情况。

不断刻意练习这个过程，数据分析思路就会逐渐打开，很多问题也就能迎刃而解了。

如果能在数据分析的细分领域成为专家，把每一个环节做到极致，帮助别人解决实际问题，并用心做好传播工作，把经验和技能传承下去，让自己的工作价值放大，实现利他和利己双赢，那么将来回首自己的职业生涯，也许感觉会很不一样。

4.2   数据分析的 8 个状态

在数据科学家刘思喆老师写的文章《数据分析师的生存手记》中，把数据分析的工作流程分成 8 个状态，下面谈一谈作者对这 8 个状态的理解和思考。

新的需求

数据分析工作流程的第 1 个状态就是真实地记录新的需求，纯粹地站在需求方的角度，不加任何评判地收集原始的需求。

这个状态借鉴了 ORID（焦点呈现）法，真实地记录客观的事实，其中 O、R、I、D 这 4 个英文字母的含义分别表示如下。

- Objective：事实的。
- Reflective：感受的。
- Interpretive：思考的。
- Decisional：决定的。

为了更好地理解 ORID 法，举一个例子予以说明：假设晚上在下班的路上，我遇到一条狗（O 事实的），当时我很害怕（R 感受的），心想应该怎么办（I 思考的），为了避免被狗咬，我最终决定绕路走（D 决定的）。

需求确认

有无需求确认是分析任务成败的关键，针对不同的情况，应该采取不同的对策。

第 1 种情况：需求方无法清楚描述问题。

刘思喆老师说，这类需求方的专业技能不合格，会祸害上、下游，直接拒绝掉就可以了，绝对不可以手软。

对于一般的数据分析师，需求方可能是自己的老板，恐怕没有直接拒绝的勇气。遇到这种情况，建议加强沟通交流，主动跟其他人多问一问具体情况，搞清楚需求方的真正意图。

第 2 种情况： 需求方将很多问题混杂在一起。

这种情况非常普遍，此时数据分析师需要应用 MECE 原则，帮助需求方梳理业务，将业务问题变成相互独立、完全穷尽的问题，并了解其中的主要矛盾和次要矛盾。

第 3 种情况： 需求方无法对数据进行映射。

这种情况也相对比较普遍，一般企业是通过"角色前置"来缓解这个问题的，如设置"产品经理"这个岗位角色。不过有时，前置角色可能不合格，这时需要数据分析师在"数据确认"环节给予专业的建议。

第 4 种情况： 需求方提出了错误的数据需求。

想象一下，数据需求本身就不正确，作为数据分析师，居然漂亮地执行完成了，结果需求方不满意，又提了一遍数据需求，后面可能还有第三遍……最终需求方可能很不满意，数据分析师吃哑巴亏。

当出现这种情况时，建议数据分析师在执行之前与需求方进行合理的沟通，指出数据需求本身的不当之处。

第 5 种情况： 需求方无法预判可能的分析结果。

这种情况很正常，毕竟在工作中很难碰到非常完美的需求方。作者认为此时数据分析师应该多一些包容和理解，多站在对方的角度看问题，自己先学会预判，再帮助对方学会预判，为对方排忧解难。

假如遇到不仅掌握业务和数据之间的关系，而且懂得利用数据分析的结果来指导下一步行动的需求方，那么数据分析师应该好好珍惜这样的需求方。

数据确认

当需求确认清楚之后，接下来需要确认数据源，此时可能会遇到以下 3 个问题。

第 1 个问题：期望的数据没有存储。

作为数据分析师，如果你能帮助改善这个问题，让企业的数据更加完善，那么你的影响力将会得到提升。

第 2 个问题：数据分散在不同的位置。

对于传统企业，因为其可能还没有建立数据仓库，所以这个问题非常普遍；对于互联网企业，这个问题体现了数据仓库设计的不完善。

如果不是经常性的问题，那么临时解决即可；如果是经常性的问题，那么建议数据分析师主动了解底层的数据逻辑，编写自动化的代码，在可能的情况下，交付给数据仓库团队。

第 3 个问题：数据源错误。

这个问题非常致命，如果数据源不正确，那么对后面的分析结果可能会造成误导，让需求方做出错误决策，后果不堪设想。

所以，数据分析师更要提高数据敏感度，在进行数据分析之前，一定要先确认一下数据源是否正确。

实现中

在需求实现的过程中，数据分析师要管理好自己的分析代码。

以 Python 为例，尽量使用 Numpy、Pandas、Matplotlib 等比较成熟的包，用 Git 做好代码的版本控制，需要特别注意代码注释和提交信息的可读性和完整性，让数据处理的每个步骤都清晰易懂。

一方面，要把好的经验和方法，沉淀为固定的流程步骤，实现工作的流程化。比如，一个数据报表，用怎样的格式和规范，使读者容易抓住其中最有价值的信息呢？

另一方面，还要实现流程的工具化。因为总有人会"偷懒"，总有人会逾越流程。

所以，要适当应用工具来辅助流程的执行。如果流程工具用起来不适应怎么办？

华为早年引入集成产品开发（IPD）的流程，大家刚开始也不适应，后来华为采用了先僵化、后优化、再固化的管理方针来解决这个问题。

交付

突出主要的数据分析结论，这是数据分析交付的重要内容。

如果数据分析没有结论，就不能称其为交付。

交付的内容包括文字、表格、图形等要素。文字表述要条理清晰，表格制作要标准规范，图形要选择合理。

复盘

很多数据分析工作最终停留在"交付"这个状态，数据分析师交付结果之后，往往没有跟进后续的效果和情况，没有对数据分析的价值进行判断，也没有进行复盘。

在交付结果之后，不妨思考一下，通过数据分析，帮助需求方做出了哪些正确的决策？给企业带来了哪些价值？与当初预期的目标相差多少？关键因素有哪些？假如重新再做一遍，怎样做才能做得更好？

在复盘的过程中，可以锻炼数据分析师对业务的理解能力和数据分析的价值的预判能力。

等待

当你发现目前还不具备分析的条件时，那么可以选择等待一下。

比如，若需求还没有确认清楚，则应该等待需求方有空时，把需求沟通确认清楚；若缺少必要的数据源，则也需要耐心等待，因为巧妇难为无米之炊。

当然，在等待时，你可以先思考一下大致的分析方向，以便让后面实现过程更加快捷。

拒绝

当需求肯定无法实现时，要明确地予以拒绝，不要给人模棱两可的答复，此时要避免让需求方有很大的期待，不让其因实现不了而失望。

为了避免被贴上被动、低价值、重复劳动的标签，数据分析师要主动完善自己的工作流程，优化自己的工作状态。

作者把数据分析的 8 个状态之间的流转，用一张流程图串联了起来，如图 4-1 所示。

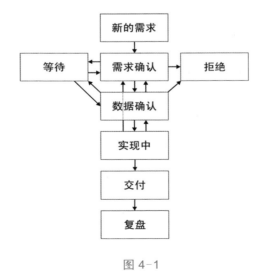

图 4-1

4.3　数据分析的指标体系

为了便于理解，我们可以把数据分析的指标体系的建立过程比作穿衣服，刚开始没有衣服穿，可以先找别人借一件，这件衣服或许不太合身，但能满足抵御寒冷等基本需求。随着经济水平的提升，我们可以选择其他更加适合自己的衣服。

指标体系的建立也一样，可以先从其他企业借鉴过来，刚开始未必很合适，但能让业务更快地走上正轨。随着业务的发展，企业再根据自身实际情况，不断进行优化调整。

下面介绍建立指标体系的 3 种方法。

利用鱼骨图找到关键指标

利用鱼骨图可以一层一层地进行数据分析，如同抽丝剥茧一样，进而找到影响业务的关键指标。

比如，把一家企业的目标先分为几个大的方面，再细分为一些具体的指标，并从中找到对业务影响比较大的指标，也就是 KPI，如图 4-2 所示。

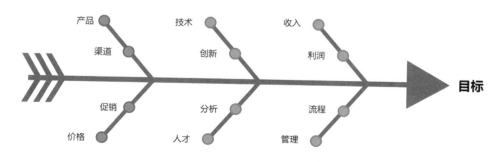

图 4-2

进一步，要找到唯一关键指标（One Metric That Matters，OMTM），也称为北极星指标，因为这个指标像北极星一样，指引企业前进的方向。

用鱼骨图寻找 KPI 和北极星指标的过程，好比给企业量身定制衣服的过程。选择战略，像选择衣服的类型，因为太极服与西装的用途不同，所以同一个部位的尺寸也不同。同理，企业的发展战略和阶段不同，KPI 和北极星指标也不同。

从业务逻辑出发建立指标体系

建立一套行之有效的指标体系，应该先从业务逻辑出发，然后一点一点地进行展开。

业绩层的指标体系是由战略层的目标决定的，而指标体系要进一步分解到组织中，这样才能起到战略方向的牵引作用，其中 KPI 体系是核心。

比如，一家零售企业的目标是获得更丰厚的经营利润，这来源于一个又一个的订单，而订单包括人、货、场 3 个要素，每个要素下面又有若干个指标，以此类推。

随着业务的发展，你可能会发现，指标越来越多，如果这些指标没有被很好地组织起来，就像一团乱麻，让人抓不住重点。

所以，有必要建立一个指标体系，分门别类地对指标进行梳理，并按照一定的业务逻辑，把指标关联起来，进而形成业务分析的场景。

用二八法则管理指标体系

指标体系是管理水平的体现，选择合适的指标体系可以运用二八法则。因为 80% 的业绩通常是由 20% 的关键因素决定的，所以要抓住这 20% 的关键因素，并对其进行分析拆解、指标设定、考核评价、激励控制，这样才能抓住主要矛盾，如同牵牛要牵牛鼻子。

如果没有完善的指标体系,做数据分析就没有抓手,很多东西没法量化,做业务也就没有方向, 团队产生不了合力, 很难取得好成绩。

总之, 建立指标体系, 要按照业务的逻辑和流程, 细分为可以量化的指标, 经过分门别类地梳理, 并把关键指标按照二八法则提炼出来, 这样一套指标体系就基本建立好了。

在企业发展的不同阶段,商业目标不一样,北极星指标可能会有所不同。比如, 面对突如其来的疫情, 很多企业的目标是"活下来", 所以要控制成本, 减少广告投入。在没有疫情之后, 企业想要扩大品牌影响力, 就要增加广告投入。

> ● 注意:　特别提醒一下, 指标体系的建立并不是一蹴而就的, 通常包括创建、运行和修正 3 个阶段。
>
> 创建阶段包括确定目标、分配权重等工作; 运行阶段包括制定标准、考核评判等工作; 修正阶段包括复盘、修订调整等工作。

4.4　提高数据敏感度

我们先从一个故事讲起，以前有一位卖煎饼的摊主，与顾客争执时说了一句话："我一个月收入 3 万元，怎么会少你一个鸡蛋！"

看到这句话，对数据比较敏感的人可能会想，煎饼摊主一个月收入 3 万元，真的有这么多吗？假设煎饼平均 6 元一个，那么一个月要卖出 5000 个，一个月按 30 天计算，平均每天要卖出 167 个；再假设流量转化率为 1.67%，那么平均每天经过摊位的人流量大约是 10 000 人。经过观察和估算后发现，在人流量大的地铁口，平均每天经过摊位的人大约有 10 000 人。

说一个人的数据敏感度高，通常是指这个人能够快速地知道数据背后的信息。

从一个数据出发会引申出一连串的数据，其中隐含了很多种假设，这需要对业务有深刻的理解，才能做出合理的判断。

对一个外行人来讲，恐怕很难判断假设数据的合理性。

比如，一个对餐饮行业完全陌生的人，他不知道煎饼的价格，也不知道各个地区的价格差异，更不知道流量转化率是多少，数据敏感度也就无从谈起。

不要以为业务很简单，其实真正的业务数据分析有很高的门槛，这个门槛并不是对分析工具的使用，而是对业务的深刻理解。

还是以卖煎饼为例，如果从人、货、场等角度来分析这个业务，则可以从以下几个方面来分析煎饼的消费人群主要有哪些？煎饼的原材料的成本是多少？原材料从哪里采购更实惠？煎饼销售的价格是否合适？煎饼口味的受欢迎程度如何？在什么地段卖煎饼生意更好？竞争对手的情况是怎样的……

当你对业务的关键信息都很熟悉以后，看到一个相关数据，自然而然会产生一些想法和见解。相应地，对数据也会更加敏感。

作者在知乎上有一篇文章，其中关于零售管理的指标有 109 个。作者认为，面对这么多指标没有必要全部记住，记住关键的几个指标即可。

比如，销售收入 = 人流量 × 转化率 × 客单价，其中转化率是一个关键指标，一般都在 1% ~ 3%，如果某一天的转化率为 10%，那么这属于异常数据，需要将其快速识别出来，并分析产生异常的原因。

通过加深对业务的理解，不断积累经验，知道关键指标的正常范围及关键指标之间的相互关系，这将有助于提高你对数据的敏感度。

丰田汽车公司有一种 5Why 分析法，即对一个问题点连续问 5 次"为什么"来找到问题的根本原因。其举例如下。

- 问题一：为什么煎饼摊主一个月能收入 3 万元？

  答案一：因为煎饼摊主一个月能卖出 5000 个煎饼。

- 问题二：为什么煎饼摊主一个月能卖出 5000 个煎饼？

  答案二：因为他平均每天能卖出 167 个煎饼。

- 问题三：为什么他平均每天能卖出 167 个煎饼？

  答案三：因为平均每天经过摊位的人流量大约有 10 000 人。

- 问题四：为什么平均每天经过摊位的人流量大约有 10 000 人？

  答案四：因为他把摊位摆在人流量大的地铁口。

- 问题五：为什么他把摊位摆在人流量大的地铁口？

  答案五：因为地铁口来来往往的人多，生意才能好。

经过连续问 5 次"为什么"，知道了生意的本质是流量。

根据历史的数据，预测未来数据变化的趋势是一件很有价值的事，也是提高数据敏感度的一个有效方法。

比如，读者可以尝试先预测下个月的销售收入，等到下个月结束时，再分析对比自己的预测值与实际值的差异，并找出差异的原因，想办法让自己的预测准确率越来越高。

在预测和分析复盘的过程中，读者可能会发现一些促销活动对销售额的影响。

比如，煎饼摊主有一天搞促销活动，即买一个煎饼送一瓶豆奶，结果当天销售额比平时增加 10%，但是当促销活动结束后，销售额又恢复到了正常水平。

经过总结可以得出：短期的促销活动一般不会带来长期趋势的改变。

从此，当你看到某个指标具有长期趋势时，就不会把原因简单地归为某个短期的促销活动，这也是对数据敏感的一种体现。

4.5　用数据解决实际问题

作者在做数据分析时,经常提醒自己要多想一想,通过数据要分析什么。不要陷入使用工具的泥潭而不能自拔,不要为了做图表而做图表,不要为了写报告而写报告。

数据分析的工具只是实现目标的手段,可以利用工具解决实际问题,特别是解决对业务有关键影响的问题,用数据让业务发展得更好。

不要只是把数据做成图表就直接提交上去,而要站在业务的角度去思考,如何才能让业务发展得更好,用客观的、合乎逻辑的方式说明。

（1）客观情况是什么（What）？

（2）为什么会是这样（Why）？

（3）将来应该怎么做（How）？

日本的数据分析实战专家柏木吉基写的《如何用数据解决实际问题》,其中总结了一些用数据解决实际问题的有效方法。

用流程解决问题

首先,有了流程才能避免见到数据就立即动手,却总是在原地打转的情况。

解决问题的流程是从"明确目标"开始的,然后找到"原因",知道下一步需要采取哪些行动。

比如,为了提高发货效率,可以整理从"接到订单"到"确认库存",再到"联系顾客"和"提示发货",最后到"发货"的流程,分析每个阶段的效率情况。

再比如，为了防止利润继续减少，可以用杜邦分析法，针对关键指标进行假设分析。为了防止销售额继续下滑，可以用 4P 营销理论的框架，从产品、渠道、促销、价格的角度提出假设，找到问题的关键点。

对领导布置的任务，不要只看任务本身，还要留意任务背后的诉求，试着从高出自己一两个级别的水平进行思考，避免自己的视野过于狭窄，培养自己扩展思路的能力。

对于只看数据分析报告的老板，他们看重的不是数据分析的方法和工具，而是数据分析的结论。老板不是要看数据分析师炫耀技能，而是要看数据分析师提出的建议能否解决实际的问题。

通过分解找到关键问题

在明确目标并大致掌握现状之后，进入提出假设、确定问题关键的阶段。

那么，具体应该如何找到问题的关键呢？

比如，销售额可以被分解为销售数量与平均产品单价的乘积，销售数量可以被分解为新客户的购买数量和老客户的购买数量。对于老客户，把再次选择购买产品的比例作为客户忠诚度的指标，从产品、用户年龄、职业、性别、时间等维度进行对比分析，找到影响问题的关键。

作者以前用 Excel 做过一个动态的杜邦分析模型，其中体现了盈利能力的指标：销售净利率 = 净利润 / 销售收入，净利润 = 销售收入 – 全部成本 + 其他利润 – 所得税。这样把关键指标一层一层地进行分解，结合对比思维，如果某个数据的变化比较异常，那么可以进一步做深入的分析，进而找到关键的影响因素。

通过交叉视点锁定原因

在实际工作中，很多人虽然通过细致入微地分析，知道了现状，但是到了锁定原因的阶段，又用主观的见解来代替客观的事实。

能否用数据说话，会导致后面使用的工作方法截然不同。

在解决实际问题的过程中，知道"是什么"固然重要，但更重要的是，还要知道"为什么"和"怎么办"。很多数据分析工作，一直停留在"是什么"这个阶段，是因为数据分析的思维被限制在单个维度的范围之内。

为了打开数据分析工作的思路，可以运用相关思维，找出对目标具有关键影响的原因。

比如，针对"销售额"这个目标，可以找出"顾客满意度""降价""产品的质量"等可能影响完成目标的因素，并分析这些因素与目标的相关程度，进而得知对销售额产生剧烈影响的原因。需要注意的是，相关关系不等于因果关系。

依据方程式制定对策

了解相关程度的大小，对锁定原因非常有效，但是只靠相关分析，无法知道这个原因对目标产生的影响有多大。

领导可能会问，具体要采取哪些措施，要做到何种程度呢？

相关分析归根到底只是知道"为什么"，并不知道"怎么做"。

通过回归分析，可以将两个数据之间的相关关系，表现为具体的公式。

比如，为了提高某设施的使用率，假设使用人数与使用满意度之间存在相关关系，下一年度使用人数的目标为 2000 人，根据历史数据进行回归分析，可以得出以下回归方程式：

$$2000 = 23.68 \times 使用满意度 + 174.7$$

进而计算出，使用满意度 =（2000-174.7）/23.68=77（分）。

只是提出"提高使用满意度"的口号，仍是无法采取具体的行动的。于是，接下来要关注与使用满意度高度相关的"使用方便程度"，它是提高使用满意度的更进一步的原因。

类似地，对"使用满意度"与"使用方便程度"进行回归分析后，用回归方程式反向计算出想要使用满意度的分数达到 77 分，就要让使用方便程度的分数达到约 66 分，进而比较明确地回答了上面提出的"要做到何种程度"的问题。

用数据讲故事

用数据讲故事可以简单总结为以下几个步骤：明确目标或问题→大致把握现状→锁定问题的关键→锁定原因→研究及实施对策，这像医生为患者看病并开出处方的过程。

有些人制作的数据分析报告，会密密麻麻地写满详细的文字或图表，让人抓不到重点，看不到关键的结论和建议，不知道到底想要说明什么，这种面面俱到的做法还是放弃为好。

在用数据讲故事时，应该把主要的时间和精力用来思考核心信息是什么，看报告的人想要知道什么。

总之，面对数据，很多人不知道怎么分析，花费大量时间和精力，制作出漂亮的图表却不能解决任何实际问题，图表也经不起推敲和质疑。

如果想进一步提高数据分析的技能，建议读者在大量实践中积累经验，在面对每个工作任务时，都认真地加以思考和总结。

4.6　数据分析的 9 个问题

数据分析的问题有很多，但几乎所有的问题都逃不开下面这 9 个问题。

是什么（What）？

是何人（Who）？

有哪些（Which）？

为什么（Why）？

在何时（When）？

在何地（Where）？

怎么做（How）？

多少钱（How much）？

多少量（How many）？

把这 9 个问题与数据分析的 9 种思维对应，可以帮助我们更好地理解现状、分析原因和预测未来，具体请参考第 1 章的相关内容。

下面举一个简单的例子，如果想要分析用户的购买行为，那么可以提出以下问题。

What：购买什么产品或服务？用户的需求是什么？用户的目标是什么？

Who：谁购买？谁使用？谁影响购买？

Which：产品功能有哪些？竞争对手有哪些？

Why：为什么购买？为什么喜欢？为什么讨厌？

When：在何时购买？在何时使用？在何时产生需求？

Where：在何地购买？在何地使用？在何地产生需求？

How：怎么购买？怎么影响购买行为？

How much：需要付多少钱？平均客单价是多少？

How many：一定时期内购买多少次？人均购买多少量？

从明确目标，到收集数据和制作报表，再到分析数据并采取行动，最终产生价值，我们把这个过程称为"分析价值链"，其中最后一个环节，行动产生价值是至关重要的。

假如你经过千辛万苦，经历"九九八十一难"做出的分析结果无人问津，发挥不了指导决策的作用（或者没有受到重视，或者没有将其转化为具体的行动），就没有创造出应有的价值。

本 章 复 盘

本章介绍了数据分析的一些基本方法，包括数据分析的 5 个步骤、数据分析的 8 个状态、数据分析的指标体系、如何提高数据敏感度、如何用数据解决实际问题和数据分析的 9 个问题。

数据分析的 5 个步骤包括：确认数据源是否正确、判断变化的程度、判断数据变化的周期、数据变化的前、后发生了什么和细分维度有哪些。

数据分析的 8 个状态包括：新的需求、需求确认、数据确认、实现中、交付、复盘、等待和拒绝。为了避免被贴上被动、价值低、重复劳动标签，数据分析师要主动完善自己的工作流程，优化自己的工作状态。

关于如何建立数据分析的指标体系有 3 种方法：利用鱼骨图找到关键指标、从业务逻辑出发建立指标体系和用二八法则管理指标体系。注意：指标体系的建立不是一蹴而就的，通常包括创建、运行和修正 3 个阶段。

关于如何提高数据敏感度，需要读者平时注意积累经验，了解关键指标的正常范围及关键指标之间的相互关系，加深对业务的理解；根据历史的数据，预测未来数据变化的趋势，分析对比预测值与实际值之间的差异，并找出差异的原因，想办法让预测准确率越来越高。

关于如何用数据解决实际问题有 5 种方法：用流程解决问题、通过分解找到关键问题、通过交叉视点锁定原因、依据方程式制定对策和用数据讲故事。其中，用数据讲故事包括 5 个步骤：明确目标或问题→大致把握现状→锁定问题的关键→锁定原因→研究及实施对策，这像医生为患者看病并开出处方的过程。

　　数据分析的 9 个问题包括：是什么、是何人、有哪些、为什么、在何时、在何地、怎么做、多少钱和多少量，将其对应数据分析的 9 种思维可以帮助我们更好地理解现状、分析原因和预测未来。

　　从明确目标，到收集数据并制作报表，再到分析数据，进而采取行动，最终产生价值，这个过程可以形成一条"分析价值链"。

第 **5** 章

数据分析的展现方法

- 数据分析展现的重要原则
- 数据分析展现的常用方法
- 数据分析展现的图表选择

数据分析的展现方法主要是围绕数据分析的目标，运用数据分析的思维，以及数据可视化的图表和文字等元素，增加数据分析报告的可读性和生动性。在必要时，应该描述业务的背景，以消除可能产生的歧义，让阅读数据分析报告的人更容易理解。

在数据分析的流程中，用户最终看到的往往是一份图文并茂的数据分析报告，其目的是运用数据来反映业务的现状，通过分析发现业务的亮点和问题，提出可行的建议和解决方案，帮助管理者做出科学、有效的决策，降低业务风险。

数据分析的成果最后要恰当地展现出来，才能充分发挥它的价值，所以建议数据分析师在这个重要的环节，投入足够的时间和精力，不断进行修改、完善和迭代升级。

很多数据分析展现的失败，不是因为其外观设计的问题（或许图形选择很合适，内容也很丰富），而是违背了重要的原则，即使用了不恰当的数据类别或度量指标。无论展现的图表有多好看，都没能传递出目标信息和帮助解决实际问题，那么一切的努力都将白费。

比如，领导想要看 2020 年的数据，你的数据源却是 2002 年的，连年份都搞错了，结果可想而知。

总之，数据分析展现要让形式服从功能，不要为了展现而展现。

5.1　数据分析展现的重要原则

要想让数据分析展现起到更好的效果，需要遵循的原则有很多，作者提炼出了下面 5 个重要的原则。

（1）数据可靠。

数据要真实地反映客观情况，要结合业务的实际情况，实事求是，这是数据分析的基础。千万不要为了投机取巧，主观捏造虚假的数据，否则很有可能自毁前程，得不偿失。

（2）思维严谨。

数据分析展现的思维要严谨，不要犯一些逻辑上的错误，如在演绎思维中讲到的四概念错误。

关于数据分析的思维请参阅第 1 章。

（3）工具合适。

"工欲善其事，必先利其器"。数据分析的工具就是数据分析师手中的兵器，选择合适的兵器，才能发挥出它的威力。

关于数据分析工具的选择请参阅第 4 章。

（4）信息规范。

因为数据分析展现的目的是高效传递信息，所以要尽量使用通俗易懂的语言，准确表达自己的观点，避免让人产生歧义。

另外，还要使用统一规范的专业图表，重点突出主要的分析结论，这也是高效传递重要信息的关键。

（5）建议合理。

数据分析展现的价值主要是让人能够做出正确的决策，所以提出合理的建议显得特别重要。

在提建议之前，要先搞清楚建议的对象，并结合业务的实际情况，有针对性地提出合理的建议。

5.2　数据分析展现的常用方法

相比单纯的数字，图表可以让人更容易洞察到数据的分布、趋势、构成、关系及异常点，而这一切的最终目的是能够更加快速地做出正确的决策。一张好的图表像给近视的人戴了一副近视镜，让客户以更清楚的方式理解数据，把复杂的问题简单化，从而更精准地理解业务的现状，甚至预测未来。

数据可视化就像神奇的催化剂，它加快从数据到决策的过程，让决策者快速地掌握有助于做出决策的信息。为什么很多人精通各种工具技术，手上也有很多各种各样的数据，却没有做出让领导满意的图表？

这是因为无论是多么漂亮的图表，如果不能让人从中获取有价值的信息，那么也是一张没有"灵魂"的图表。

很多时候问题并不是没有数据，而是数据太多，不知道怎么用。

熟悉数据分析的思维，能够帮助我们找到更重要的数据，排除过多杂乱数据的干扰。

如果把数据分析比作医生看病的过程，那么可以分为以下 4 个阶段。

（1）描述：检查身体，描述指标值是否正常。

（2）诊断：询问病情，找到生病产生的原因。

（3）预测：分析病情，预测病情的发展趋势。

（4）指导：开出药方，提出有效的治疗建议。

要尽可能地理解业务并提供价值，从数据的加工者转变成故事的讲述者，甚至是问题的解决者。

下面介绍几种常用的数据分析展现方法。

（1）将指标值图形化。

一个指标值就是一个数据，将数据的大小以图形的方式表现。

比如，用柱形图的高度表现数据的大小，如图 5-1 所示。

产品 A 的销量遥遥领先（单位：件）

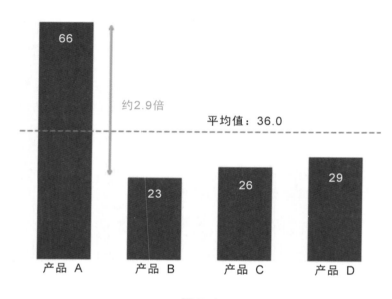

图 5-1

（2）将指标关系图形化。

挖掘指标之间的关系，并将其图形化表达，可提升图表的可视化深度。

比如，用 X 轴代表客户年龄，Y 轴代表人均消费金额，画出散点图，并加上一条拟合的直线，可以快速理解它们之间的关系，如图 5-2 所示。

（3）将时间可视化。

通过时间的维度查看指标值的变化情况，一般是通过增加时间轴的形式，也就是常见的趋势图查看的。

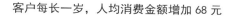
客户每长一岁，人均消费金额增加 68 元

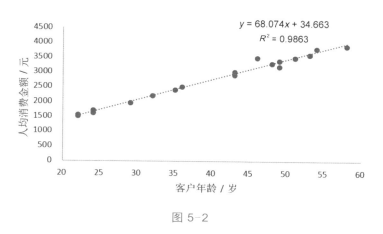

图 5-2

比如，用折线图展现 9 月每天产品销量的变化趋势，如图 5-3 所示。

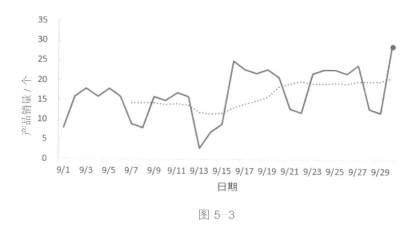
9 月每天产品销量的变化趋势

图 5-3

（4）将空间可视化。

当图表存在地域信息并且需要突出表现时，可以用地图将空间可视化，以地图作为主背景呈现所有信息点。

比如，用数据地图展现某企业在中国各地某月的销售额数据（单位：万元），如图 5-4 所示。

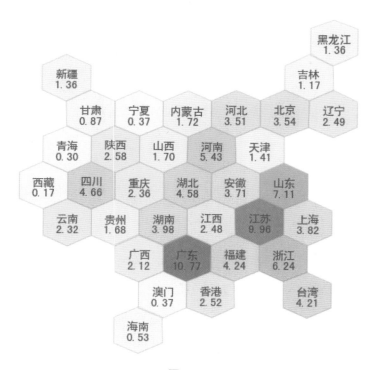

图 5-4

（5）让图表动起来。

完成数据图形化后，可以结合实际情况，将其变为动态化和可操控的图表，让用户在操控过程中能更好地感知数据的变化过程，以提升用户体验。实现动态化主要有两种方式：交互和动画。

但是，在实际工作中，建议慎用动态图，因为在华丽的图表中如果没有好的数据和可洞察的信息，就是一张没有"灵魂"的图表。

在商业领域，时间是最宝贵的资源，既不要浪费客户的时间，也不要浪费自己的时间。要尽量剔除那些无效的信息，精准命中客户的需求，突出展现有价值的数据和洞察。

5.3　数据分析展现的图表选择

如果想要让数据发挥更大的价值，那么合理选择数据可视化的图表，显得特别重要。

数据可视化给很多人的第一印象是有许多花花绿绿、奇形怪状的图表，再加上一些动态炫酷的效果，顿时让人觉得高端、大气、上档次，又让人感觉很有压力，不知道是自己太笨没看懂，还是这些图表没有做好。

根据数据分析的实际情况，需要有针对性地选择合适的数据可视化方法。但是数据可视化的图表花样繁多，应该如何选择并设计图表呢？

类别比较

当需要对不同的类别进行比较时，有很多种图形可供选择，其中用条形图是非常常见的选择。比如，比较不同项目的进度，如图 5-5 所示。

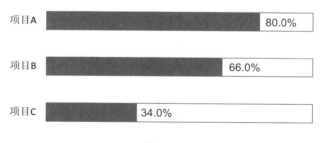

图 5-5

瀑布图适合用来比较并分析各个组成部分的变化情况。比如，从收入到利润的变化，如图 5-6 所示。

从收入到利润的变化

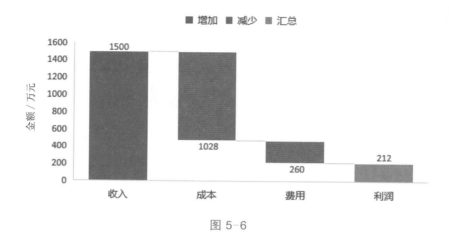

图 5-6

词云图适用于大量文本的分析和比较。比如，用词云图展现形容一个人的关键词，如图 5-7 所示。

图 5-7

时间趋势

当需要展示 KPI 随时间的变化情况时，柱形图或折线图是比较好的选择。

比如，展现每月的销售额数据，如图 5-8 和图 5-9 所示。

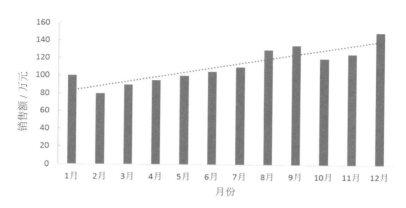

图 5-8

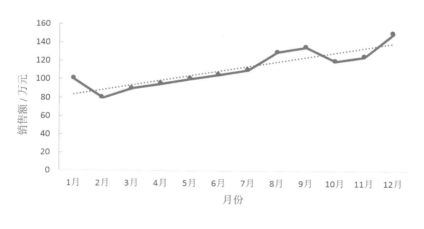

图 5-9

占比构成

当需要展示二八法则时，用帕累托（Pareto）图能方便地找出主要因素。比如，不同类型的故障数量占比，如图 5-10 所示。

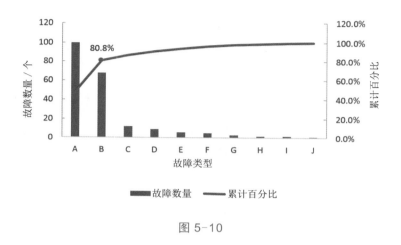

图 5-10

关联

当需要展示数据之间的关联时，用散点图是比较好的选择。比如，一些国家的生育率与预期寿命之间的关系，如图 5-11 所示。

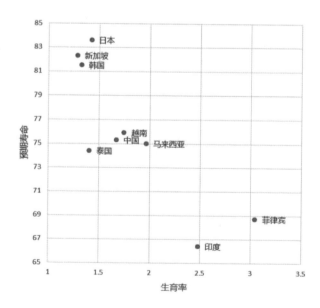

图 5-11

可以适当地运用气泡图，因为它能综合反映 3 个重要的指标，在一些数据分析场景中，气泡图能有效地传递重要的信息。

比如，展现一些国家的生育率、预期寿命和人口数量（单位：万），其中气泡的大小代表人口数量的多少，如图 5-12 所示。

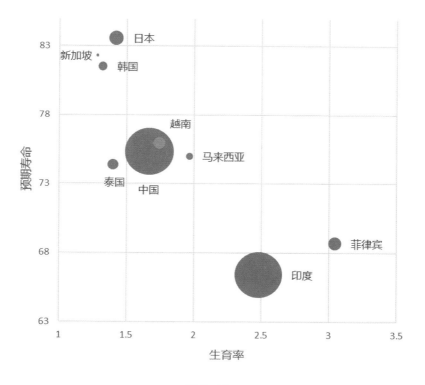

图 5-12

分布

当需要展示数据的分布状况时，可以使用直方图。比如，各数据区间的频次分布直方图，如图 5-13 所示。

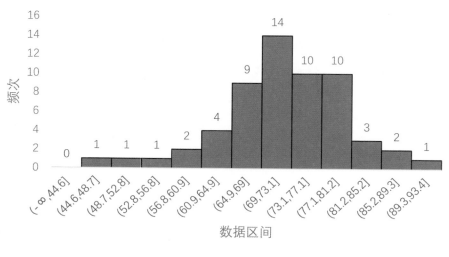

图 5-13

增强

如果想要增强图表的表现力，那么可以增加箭头和标签等图表元素。比如，2 月的销售额比 1 月下降了 20%，如图 5-14 所示。

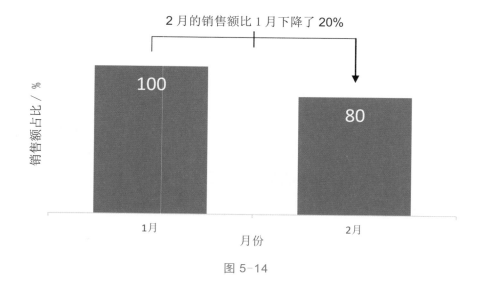

图 5-14

单值

如果只需突出展示某个单值，那么可以使用仪表盘。比如，显示目标完成率，如图 5-15 所示。

图 5-15

提示

在进行数据可视化的过程中，应该时刻关注数据可视化的目标，谨记以下图表设计的提示。

- 使用 2D 图表，不要使用三维立体效果。
- 使用真实的刻度，避免造成误导。
- 使用单一的 Y 轴，不要使用双轴图表。
- 折线图用角度体现真实的数据变化，不要使用平滑效果。
- 条形图按照大小进行排列。
- 不要使用无意义的颜色。
- 高亮显示重要的图表元素。
- 坐标轴等辅助元素尽量淡化。

本 章 复 盘

本章介绍了数据分析的展现方法，包括数据分析展现的重要原则、常用方法和图表选择。

要想让数据分析展现起到更好的效果，需要遵循 5 个重要的原则：数据可靠、思维严谨、工具合适、信息规范、建议合理。

数据分析展现的常用方法包括：将指标值图形化、将指标关系图形化、将时间可视化、将空间可视化和让图表动起来。

如果想要让数据发挥更大的价值，就要根据业务的实际需要，选择合适的图表进行展示。

若需要对不同的类别进行比较，则可以选择条形图；若需要比较各个组成部分的变化情况，则可以选择瀑布图；若需要对大量文本进行分析和比较，则可以选择词云图；若需要展示 KPI 随时间的变化情况，则可以选择柱形图或折线图；若需要展示二八法则，则可以选择帕累托图；若需要展示数据之间的关联，则可以选择散点图；若需要展示数据的分布状况，则可以选择直方图。

若需要增强图表的表现力，则可以增加箭头和标签等图表元素。若只需突出展示某个单值，则可以使用仪表盘。

在进行数据可视化的过程中，应该经常关注数据可视化的目标，并注意一些图表设计的基本规则，让信息传递变得更加高效，避免"喧宾夺主"。

第 6 章

制作数据分析报告的方法

- 数据分析报告的 3 个层级

- 数据分析报告的 4 种情景

- 数据分析报告的 5 类问题

- 数据分析报告的 6 个步骤

- 数据分析报告的 7 个模块

- 数据分析报告的 8 种颜色

数据分析报告是对整个数据分析过程的总结，为决策者提供科学、严谨的决策依据，从而降低企业的经营风险，提高企业的核心竞争力。

每个人都可以把自己当成一家企业来经营，定期制作属于自己的数据分析报告。比如，作者以自己的数据为例，制作一个简单的数据分析报告，如图 6-1 到图 6-6 所示。

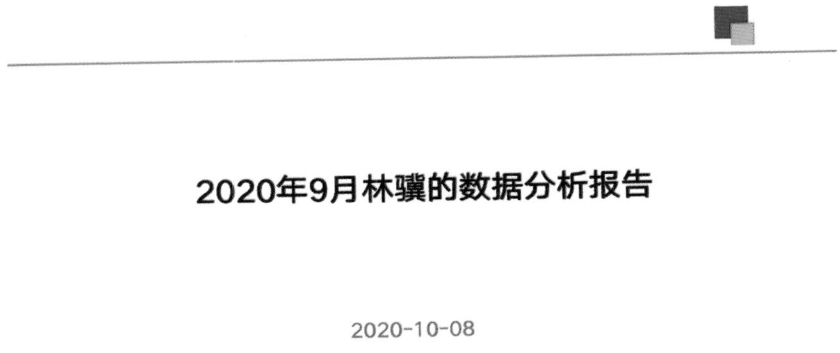

2020年9月林骥的数据分析报告

2020-10-08

图 6-1

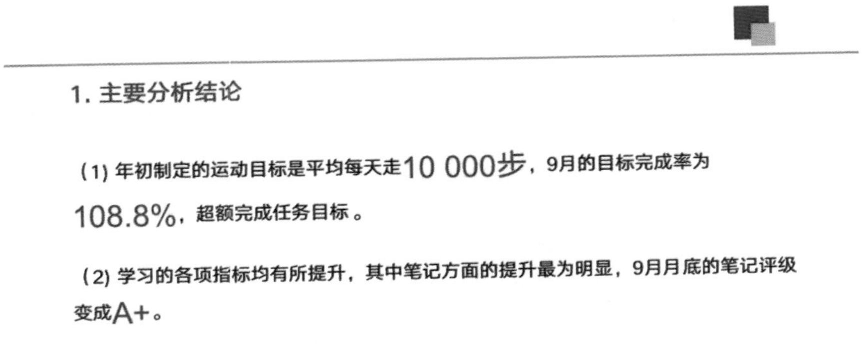

1. 主要分析结论

（1）年初制定的运动目标是平均每天走 10 000 步，9月的目标完成率为 108.8%，超额完成任务目标。

（2）学习的各项指标均有所提升，其中笔记方面的提升最为明显，9月月底的笔记评级变成 A+。

图 6-2

2. 目标完成情况

2020年9月日均步数目标完成率为108.8%

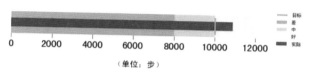

（单位：步）

图 6-3

3. 关键指标变化

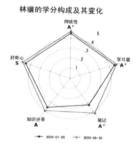

林骁的学分构成及其变化

与年初相比，
各项指标均有所提升，
其中笔记的提升最多，
9月月底的笔记评级变成A+。

图 6-4

4. 变化原因分析

（1）为了错开上班早高峰的时间，早上通常在7点钟之前就到了公司，增加了很多学习和写读书笔记的时间。

（2）在OKR方法的指引下，年初制定了精细阅读26本书和原创写作60篇文章的目标，用输出倒逼输入。

图 6-5

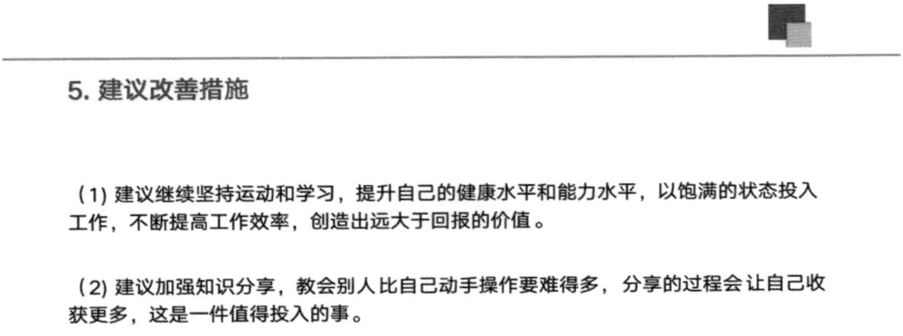

5. 建议改善措施

（1）建议继续坚持运动和学习，提升自己的健康水平和能力水平，以饱满的状态投入工作，不断提高工作效率，创造出远大于回报的价值。

（2）建议加强知识分享，教会别人比自己动手操作要难得多，分享的过程会让自己收获更多，这是一件值得投入的事。

图 6-6

如果把数据分析报告比作一个产品，那么制作数据分析报告的人是产品经理，看报告的人是用户。

作为产品经理，同理心很重要，即通过自我体验来理解他人，乔布斯能瞬间把自己变成初级用户，这是同理心的一种表现。数据分析的思维和工具也很重要，它们是数据分析的基础。想象力是广袤的天空，不是天马行空，而是基于同理心的推演，运用数据分析的思维和工具，让推演的结果更加科学、有效。

在一份数据分析报告的背后，有许多枯燥的、基础的准备工作要做，如数据采集、建立数据仓库、数据治理等。

如果没有高质量的数据作为坚实的地基，那么数据分析报告的高楼大厦可能是不牢靠的；如果没有明确数据分析的目标，那么后面的工作可能是胡拼乱凑的，用一堆图表堆砌的花架子，并不能解决实际的问题。

下面介绍数据分析报告的 3 个层级、4 种情景、5 类问题、6 个步骤、7 个模块和 8 种颜色。

6.1　数据分析报告的 3 个层级

从内容的深度看，作者认为数据分析报告可以分为 3 个层级，即是什么、为什么、怎么办。

是什么

第 1 个层级的数据分析报告通常是对日常业务数据的展现，其目的在于发现问题。

比如，昨天的销售额是多少？是多还是少？判断的标准是什么？

为什么

第 2 个层级的数据分析报告是在第 1 个层级的基础上制作的，在这个层级要通过对比、细分等分析思维，找出问题产生的原因。

比如，为什么昨天的销售额下降了？为什么有些渠道的销售额下降更为明显？为什么有些产品的退货率明显上升？

怎么办

第 3 个层级的数据分析报告是在第 2 个层级的基础上制作的，在这个层级要找到解决问题的办法，并提出合理的行动建议。

比如，想要提升销售额应该怎么办？如何提升客户的满意度？建议从哪些方面进行改进？

以上 3 个层级，层层递进，只有知道问题是什么，才能分析问题为什么会产生；只有知道问题产生的原因，才能提出怎么办的建议；只有前面的认识到位，后面的建议才能真正有效。最终找到解决问题的应对策略，否则容易停留在问题的表面，抓不住问题的本质，提出的建议也就如同空中楼阁，无法落地执行。

无论哪个层级的数据分析报告，都要考虑受众。同一个主题内容，在面对不同的受众时，在表达方式上可能会有很大的差异。其举例如下。

（1）对高层领导：尽量不用专业术语，要重点突出数据分析的结论和建议。

（2）对业务人员：尽量少用专业术语，要重点突出数据分析的结果对业务的价值。

（3）对专业领导：可以适当使用专业术语，要重点突出在工作中使用的技术的深度和广度。

（4）对同行交流：多用大家都懂的专业术语，要重点突出技术的心得和思考。

制作好数据分析报告是数据分析师的一项重要技能，其中关键不在于技术工具，而在于对业务的思考和分析。这就如同写诗，写好诗的关键不在于修辞技巧，而在于对生活的观察和领悟。

《三体》的作者刘慈欣老师写过一篇科幻小说叫《诗云》。在故事里面，有一个来自外太空的高级文明生物征服了地球，他偶然发现地球上有唐诗，于是突发奇想，想证明技术比艺术更厉害，他决定写出比李白更厉害的诗。他先是学习李白，穿唐代的衣服、喝酒、看风景，却没有写出超越李白的诗。最后，他应用穷举法，把所有汉字排列组合，理论上可以得到"所有的诗"，包括好的诗、烂的诗、过去出现的诗、未来可能出现的诗，这就是诗云。由于计算量非常庞大，于是这个外星文明生物摧毁了太阳系，拿太阳系所有物质来存储和运算诗云。

可是，当那个创造了"诗云"的外星文明生物看到自己的成果时，却感到非常悲伤。虽然他创造了所有的诗，包括那些超越李白的诗，但是他得不到它们，因为他没有办法把它们检索出来，他只是知道好诗必在诗云之中，却不知道好在哪里，也不知道如何根据当时的情景创作一首好诗。他说，自己看到了技术在艺术上的极限。

> ● **注意：** 数据分析是技术和艺术的结合体，数据分析工具是技术，数据分析思维的合理应用是艺术，作为一名数据分析师，如果不能在报告中提出能落地执行的建议，那么终将被机器取代。因为随着人工智能的快速发展，用算法能完成大部分简单重复的工作。

在工作中，如果把每次写报告的经验都当成提升自己能力的好机会，那么长期坚持下来，必然会对自己的成长很有帮助。

6.2　数据分析报告的 4 种情景

在互联网时代，网络上的信息资料浩如烟海，如果不知道如何选择，就很容易被信息洪流淹没。

为了缩小选择的范围，可以把数据分析报告按情景进行划分，大致分为下面 4 种情景，即首次数据分析报告、常规数据分析报告、问题数据分析报告、总结数据分析报告。为了便于理解，作者将其分别比作看病、体检时情景。

首次数据分析报告

当面临一个全新的业务，第一次制作数据分析报告时，可以尽量详细一些，把分析的背景、过程、方法、结论、建议等信息都写清楚，因为阅读数据分析报告的人可能目前对业务的情况了解比较少，需要关注方方面面的信息，如果写得太少，反而让人搞不清状况。

这就好比看病时，医生第一次往往会安排先做很多检查，然后通过看检查报告，详细了解病情，以便做出正确的诊断。

假如有医生不做检查、不看报告、不问病情，直接开药方，试问读者敢相信这种医生吗？

常规数据分析报告

当业务已经开展一段时间之后，相关数据分析报告已经变成常规工作，数据变化的趋势相对比较稳定，阅读数据分析报告的人对业务已经很熟悉了，此时不用再啰啰嗦嗦地写一大堆，在报告中写出重点、关注异常情况即可；如果业务一切正常，那么在报告中展现 KPI，并简单提示没有异常即可。"报平安"也是一件很重要的事，因为这可以让人心里踏实。

　　这就好比病治好了之后，医生对患者说要定期复查，如果每次复查的结果都显示没有异常，那么患者也可以放心了。

　　假如再次复查的结果持续保持正常，医生还不厌其烦地给患者念叨那些检查数据，估计患者也没兴趣听吧？

问题数据分析报告

　　当业务出现问题时，数据分析报告中需要尽量抓住问题的本质，在提示风险的同时，有必要补充一些相关的细节，其中重点是要让阅读数据分析报告的人明白，想要解决这个问题，应该采取哪些行动。

　　这就好比去医院检查时，医生发现某项检查的指标异常，医生诊断之后开出药方，并叮嘱患者务必按时、按量吃药。

　　假如患者不知道药的用法、用量，胡乱吃药，就很难把病治好。

总结数据分析报告

　　当业务需要进行阶段性总结时，在制作总结数据分析报告之前，应该先把整体的基调定下来，是想表达做得好？还是想表达有问题？再补充相关细节，如好的经验有哪些？问题的原因是什么？未来需要注意些什么？

　　这就好比在专业体检机构的健康体检报告中，通常包含体检结果、异常情况、专家指导建议等内容。

　　假如看完健康体检报告之后，还是搞不清楚身体是好是坏，那么是不是说明应该要重新做体检？

　　以上 4 种情景，无论是哪种，都要先熟悉业务的背景和分析的目标，搞清楚沟通的对象，对数据有基本的判断，对问题有深入的理解，这样制作出来的数据分析报告才更有吸引力，阅读数据分析报告的人才更有收获，而制作数据分析报告的人才更有价值。

6.3　数据分析报告的 5 类问题

在制作数据分析报告的过程中，当面对错综复杂的问题时，如果只是随意思考，那么你可能会感觉无从下手。

为了更好地进行思考，作者把常见问题分为以下 5 种类型，即是多少、好不好、为什么、会怎样、怎么办。

下面简要说明每类问题的关键点，并举一个简单的例子，同时站在数据分析师的角度，给予一些参考建议，希望能够对读者有所启发。

是多少

"是多少"这类问题的关键是根据业务需求展示相关数据。

比如，这个月的销售额是多少？

对数据分析师而言，先要知道数据指标的定义，然后提取相应的数据，要确保数据的准确性。

好不好

"好不好"这类问题的关键是根据判断标准确认相关结论。

比如，这个月的销售业绩好不好？

对数据分析师而言，要对判断标准有一个清晰的认识，在做判断时要特别小心谨慎。

为什么

"为什么"这类问题的关键是寻找数据背后的原因，找到因果关系。

比如，这个月的销售业绩为什么不好？

对数据分析师而言，可以运用假设检验等数据分析思维，先大胆假设，然后小心求证。

会怎样

"会怎样"这类问题的关键是根据历史数据和业务逻辑，预测未来趋势。

比如，下个月的销售业绩会好转吗？

对数据分析师而言，要想提高预测的准确率，就要对业务非常熟悉。

怎么办

"怎么办"这类问题的关键是思考未来情况的现实行动，并做出正确决策。

比如，如何提升下个月的销售业绩？

对数据分析师而言，要在理解业务的基础上，提出切实可行的行动建议。

当面对一个新的问题时，如果能找到合适的工具和方法，就能更好地解决问题。

这就好比木匠在打造一件新家具时，需要有合适的锤子和锯子等工具。

四象限分析法是数据分析的常用方法之一，往往能够起到化繁为简的作用。

把一个事情分成两个维度进行分析，一个维度代表过去和未来，另一个维度代表现实和理论。这样在思考问题时，既考虑过去，也考虑未来；既考虑现实，也考虑理论。

是多少和好不好的问题，是描述过去情况的现实。

为什么的问题，是思考过去情况的理论原因。

会怎样的问题，是思考未来情况的理论预测。

怎么办的问题，是思考未来情况的现实行动。

很多人看事情喜欢走极端，把两个维度的事情放在一条线段的两端：要么把事情做好，要么把事情做快；要么做重要的事情，要么做紧急的事情。

对于两个维度的事情，应该把它们放到四个象限中看，这样做出来的决策才更加科学、合理、有效。

6.4　数据分析报告的 6 个步骤

制作数据分析报告通常可以分解为 6 个步骤，但是每个步骤的重要性和花费的时间都不一样。这就好比在时间管理的 4 个象限中，每个象限分配的时间比例都不一样。

当感觉每天都非常忙碌时，反而更要抽出时间，多做一些重要不紧急的事情，这样才能减少产生焦虑情绪。

当忙于处理杂乱的数据时，反而更要思考数据分析的目标，多与业务沟通，深入理解业务的需求，这样才能让分析的成果更有价值。

在制作数据分析报告的 6 个步骤中，作者认为最重要的是"明确目标"，花费时间最长的是"数据收集"和"数据处理"，对阅读数据分析报告的人最有价值的是"结论建议"。

明确目标

首先，要正确地定义问题、合理地分解问题、抓住问题的关键。

其次，当明确目标之后，需要梳理数据分析思路，搭建数据分析框架，并思考：采用哪些数据分析指标？运用哪些数据分析思维？使用哪些数据分析工具？

明确目标是确保数据分析过程有效进行的先决条件，为后续的步骤提供清晰的方向。

数据收集

数据收集是围绕数据分析目标，按照分析思路和框架，收集相关数据的过程，为后续的步骤提供素材和依据。

收集的数据包括原始数据和二手数据。其中，原始数据包括公司内部的数据、调查得到的数据等；二手数据包括国家统计局发布的数据、公开出版物中的数据等。

数据收集的基本要求是真实性、及时性、同质性、完整性、经济性和针对性。

数据处理

数据处理是从大量杂乱无章的原始数据中，抽取对解决问题有价值的数据，并进行加工整理，形成适合数据分析的样式，保证数据的一致性和有效性，这是在进行数据分析之前必不可少的阶段。

数据处理主要包括数据清洗、数据转化、数据抽取、数据合并、数据计算等过程。原始数据一般需要经过一定的处理，才能用于后续的数据分析工作。

数据处理过程的准确性尤为重要，如果数据本身存在错误，那么即使采用最先进的数据分析方法，得到的结果也是错误的，不具备任何参考价值，还会误导决策。

数据分析

如何利用数据分析的思维和工具？请参阅第 4 章介绍的数据分析的基本方法，对数据进行科学有效的分析。

这一步是数据分析报告的核心，只有把这一步做好，才能得出真正有用的结论，提出能够解决实际问题的有效建议。

数据展现

通过数据分析，隐藏在数据背后有价值的信息逐渐浮现，此时需要通过合适的方式展现出来，让人一目了然，提高信息传递的效率。

在通常情况下，数据展现的方式是图表，也就是用数据可视化的图表展现数据分析得出的结论。

结论建议

一份好的数据分析报告需要有明确的结论建议。

站在决策者的角度思考，其更想知道可行的解决方案。

如果在数据分析报告中没有明确的结论建议，也就失去了报告的灵魂。

> ● 注意：所以，要想制作更有价值的数据分析报告，不仅要掌握数据分析的思维和工具，还要熟悉业务，这样才能提出好的建议。

6.5　数据分析报告的 7 个模块

一份完整的数据分析报告通常包括 7 个模块，但这些模块并非一成不变，不同的领导、客户和数据，都有可能会影响数据分析报告最终呈现的结果，在制作不同模块时花费的时间和精力也不一样。

根据数据分析报告的情景，有些模块是可以省略的，如附录并不是必需的。

下面逐一介绍数据分析报告的 7 个模块。

标题封面

一个好的标题，能让阅读数据分析报告的人在看到报告的一瞬间能产生阅读的欲望，也能让其迅速理解报告的主旨。

标题一般要以下符合 SPA 原则。

（1）简单明确（Simple）。

（2）利益相关（Profit）。

（3）准确客观（Accurate）。

有时，可以在标题中加入部分关键性的结论词语，以增加吸引力。

比如，春节期间内推奖励翻倍。

但是，强烈建议大家不要做"标题党"，如果文不对题，就是在浪费阅读数据分析报告的人的时间，次数多了之后，将会失去他们的信任。

在数据分析报告的标题封面页，可以注明报告的制作者、所在单位或部门、完成日期等信息。

目录导航

目录的功能主要是将数据分析报告中的各模块呈现给阅读数据分析报告的人，方便其快速了解和查找报告中的内容，起到一种导航的作用，让其在看报告的过程中不迷路。

当数据分析报告的篇幅比较长时，可以对目录进行细分。

背景说明

背景说明模块一般用于阐述项目需求、分析目的、市场情况、前提假设、概念定义、适用范围、数据来源等，以便让阅读数据分析报告的人知道项目的前因后果，了解数据分析报告的严谨性和数据来源的可靠性。

为了让背景说明更具有吸引力，可以采用以下 SCQA 模式。

（1）描述情景（Situation）。

（2）引发冲突（Complication）。

（3）提出问题（Question）。

（4）给予解答（Answer）。

比如，去年的销售额增长了 20%，然而利润下降了 5%，如何提高利润率？请看下面的结论建议。

思路方法

思路方法模块也是为了便于阅读数据分析报告的人理解数据分析报告中的逻辑线索。思路方法模块可以包括分析的理论和框架、研究方法、算法模型等。

结论建议

结论建议模块经常被放在分析正文的前面，尤其是当数据分析报告给高层领导看时，因为这样可以大幅度节省高层领导的时间。

如果数据分析报告能更加快速地传递有效的信息，就是在创造价值。

数据分析报告的价值在于给决策者提供参考和依据，而决策者需要的不仅仅是找出问题，而且更重要的是解决问题。

所以，结论建议一定要简明扼要、抓住重点，得出的结论一定要严谨慎重、有理有据，给出的建议一定要合情合理、能落地执行，在编写时应该注意以下 3 个要点。

（1）搞清楚要建议的对象。

（2）符合业务的实际情况。

（3）不要回避不好的结论。

分析正文

分析正文通常是数据分析报告中篇幅最长的模块，该模块包括用来支持结论建议的论据和论证，一般要符合金字塔原理，建议采用"总–分–总"的结构。

构建金字塔有以下 4 个原则。

（1）结论先行：要有清晰明确的结论，并且要放在开头的位置。

（2）以上统下：上层结论是对下层信息的概括和总结，下层信息是对上层结论的解释和说明。

（3）归类分组：把具有相似性或相互关联的信息要按照一定的标准进行分类，归为同一个逻辑范畴。

（4）逻辑递进：同一个逻辑范畴的信息，按照一定的逻辑顺序进行排列比较。

附录及封底

附录中可以包含关键代码、元数据、参考文献等，以便让分析过程更加透明化，保证分析结果的可追溯性。

封底页还可以展示版权等信息，也可以配上一张美观的图片，写一些感谢之类的话。

根据需要，该模块的内容也可以省略。

数据分析报告内容的好坏，能够反映数据分析师专业水平的高低。无论分析方法多么先进，如果不能将分析结果有效地组织和展现出来，就无法体现数据分析的价值。

因此，每名数据分析师都应该高度重视数据分析报告。

在工作中，可以结合业务的实际情况，学习优秀的数据分析报告是如何制作的，并学以致用，多加锻炼，不断提升自己制作数据分析报告的能力，从而制作出更多、内容更好的数据分析报告。

6.6　数据分析报告的 8 种颜色

一份专业的数据分析报告，在颜色搭配方面往往会非常谨慎，因为颜色奠定了报告的整体风格和基调。

不同的颜色，给人的感觉不同，它们代表的含义也不同，而且颜色与地域和群体有关。比如，在中国，股票价格上涨用红色表示；在外国，红色表示股票价格下跌。

下面分别介绍常见的 8 种颜色，包括它们代表的含义、适用的情景和搭配的建议，如图 6-7 所示。

图 6-7

红色

红色能让人联想到食物、火焰、血液和权力，代表食欲、热烈、喜庆、激情和能量，但会给人带来紧迫感，让人有危险、愤怒、敌对、革命等感受。

红色的视觉冲击力很强，因此很多标示都使用红色作为主色。

在数据分析报告中，红色经常被用作强调色，以凸显重点，但由于红色太过浓厚热烈，以红色作为背景很容易造成视觉疲劳，因此让人难以将注意力集中在报告的实际内容上。

在购物的场景中，红色可以用来吸引那些容易冲动的消费者。

红色与黄色、橙色和蓝色等都有不错的搭配效果。

橙色

橙色能让人联想到水果和初升的太阳，给人健康、年轻、活力、快乐的感受。

同红色类似，橙色作为一种典型的暖色，在排版中橙色也经常被作为强调色使用。

橙色在设计、餐饮等行业比较常见。

橙色与红色、绿色和蓝色都搭配良好。

黄色

黄色能让人联想到阳光、水果、沙滩和丰收，代表年轻、乐观，是青春和快乐的颜色。

亮黄色是活力四射的，在凸显轻快与娇嫩的同时又显得不够稳重。金黄色让人联想到黄金，它具有贵族的气质。

黄色常被应用于餐饮、娱乐、服装、房产等行业，用来吸引注意力。

黄色与黑色的搭配非常经典，此外它与红色、绿色、蓝色和紫色也都有不错的搭配。

绿色

绿色能让人直接与植物联想起来，代表轻松、随和，传达健康、有机、环保的理念。

偏向黄色的绿色像刚刚萌发的嫩芽，给人年轻和充满希望的感受；偏向蓝色的绿色让人联想到碧绿的湖泊，给人安详、宁静、晶莹剔透的感受。

因为绿色既有健康活力的一面，又有成熟稳重的一面，所以餐饮、装修、教育、保险等行业常使用绿色作为主色。

绿色经常与蓝色、橙色和黄色相互搭配。

蓝色

蓝色总能让人联想到天空和海洋，代表信任、安全，作为一种典型的冷色，蓝色具有低调、沉稳、缜密的风格。

较深的蓝色既像宝石一样华丽，又像深海一样镇定、严肃，因此它被认为具有严谨理性、富有分析力的风格。

较浅的蓝色给人干净、清新脱俗的感受。

金融、科技、教育、医药和咨询等行业都对蓝色非常青睐。

蓝色与白色搭配起来非常脱俗，它与红色、绿色、黄色、紫色和橙色的搭配也很常见。

紫色

由于紫色在自然界中比较少见，因此显得神秘。它代表舒心、平静，给人高贵、梦幻和恐怖的感受。

紫色当偏向红色时，表现出温柔性感的女性气质；当偏向蓝色时，表现出成熟的贵气。

紫色在婚庆、美妆、女性服装行业中用得较多，通常用来宣传抗衰老产品。

紫色与黄色是对比色，两者的搭配在设计中比较常见。

黑色

黑色让人联想到夜晚，它代表强大、庄重，给人神秘、冷酷、高雅的感受。

厚重和冰冷赋予了黑色完美主义的气质，使它成为成熟、品质的代表。

以黑色作为背景，给人的感受会更加明亮和醒目。

当投影环境很暗时，黑色的 PPT 背景将与周围环境融为一体，投影效果会显得很大气。

设计、科技、精密制造和奢侈品等行业常以黑色作为主色。

黑色是一种百搭的中性色。

灰色

灰色让人联想到金属，它给人锋利、机械、简约和现代的感受。

灰色具有人造和非自然的属性，能体现工业行业的特质。

灰色结合了白色与黑色的特点，既简约又沉稳，但它与极简主义的白色和完美主义的黑色相比，显得中庸且低调。当黑白两种颜色相互冲突时，灰色可以起到很好的调和作用。

科技和设计等行业常以灰色为主色。

灰色也是一种百搭的颜色，它几乎可以与任何颜色相搭配。

> **注意：** 虽然颜色有许多种，但是在一份数据分析报告中，建议使用的颜色不要超过 3 种，除非有特殊的意义，否则不要过多使用。因为使用的颜色越多，需要色彩驾驭能力越强。如果色彩驾驭能力不足，建议不要轻易尝试复杂的配色方案。

颜色的合理搭配非常重要，颜色搭配通常包括以下两个步骤。

（1）选择哪种颜色作为基调，即主色的选择。

（2）选择哪些颜色与其搭配，即辅色的选择。

其中，主色可以从很多地方直接选取，如公司的 Logo、专业的图片和网页、著名的油画等。

颜色的搭配要总体协调，局部对比。也就是说，整体颜色效果应该是和谐的，只有局部的小范围可以有一些强烈的颜色对比。

本 章 复 盘

本章介绍了制作数据分析报告的方法，包括数据分析报告的 3 个层级、4 种情景、5 类问题、6 个步骤、7 个模块和 8 种颜色。

如果把数据分析报告比作一个产品，那么制作数据分析报告的人是产品经理，而看报告的人是用户。通过换位思考，从不同的维度去优化产品，满足用户的需求，这是产品经理的职责。

从内容的深度来看，数据分析报告可以分为 3 个层级：是什么、为什么和怎么办。这 3 个层级对应的是理解现状、分析原因和预测未来。

按应用情景划分，数据分析报告可以分为 4 种情景：首次数据分析报告、常规数据分析报告、问题数据分析报告和总结数据分析报告。

按照常见问题划分，数据分析报告可以分为 5 种类型：是多少、好不好、为什么、会怎样和怎么办。当面对一个新的问题时，不要走极端，而要从不同的维度进行多维度思考。对于两个维度的事情，应该把它们放到四个象限中看，这样做出来的决策才更加科学、合理、有效。

制作数据分析报告通常可以分解为 6 个步骤：明确目标、数据收集、数据处理、数据分析、数据展现和结论建议。要想制作更有价值的数据分析报告，不仅要掌握数据分析的思维和工具，还要熟悉业务，这样才能提出好的建议。

一份完整的数据分析报告通常包括 7 个模块：标题封面、目录导航、背景说明、思路方法、结论建议、分析正文和附录及封底。根据数据分析报告的情景，有些模块是可以省略的。

一份专业的数据分析报告，在颜色搭配方面也要高度重视，因为颜色奠定了报告的整体风格和基调。常用的颜色有 8 种：红色、橙色、黄色、绿色、蓝色、紫色、黑色和灰色。每种颜色给人的感觉不同，它们代表的含义也不同。在一份数据分析报告中，建议使用的颜色不要超过 3 种。

第 **7** 章

数据分析的思维模型

- 理解现状类思维模型
- 分析原因类思维模型
- 预测未来类思维模型

作者在读《穷查理宝典》时，发现在查理·芒格的多元思维模型中，借用并完美地糅合了许多传统学科的分析工具、方法和公式，这些学科包括历史学、心理学、生理学、数学、工程学、生物学、物理学、化学、统计学和经济学等。

随着对数据分析了解的深入，作者感觉到数据分析是多学科的融合，而不是几种数据分析工具的简单应用。

因此，作者产生了一个想法，总结多种思维模型，把它们当成自己的武器库，不断对它们进行完善和打磨升级，用来解决各种各样的现实难题。

下面作者将简单介绍一些比较常用的思维模型，并按照数据分析的作用，大致分成3类。其中，第1类是理解现状类思维模型，第2类是分析原因类思维模型，第3类是预测未来类思维模型，这样分类是为了方便记忆，让读者知道思维模型的主要用途。

事实上，思维模型的分类并没有一个统一的标准，在不同的场景中，一个思维模型可能发挥不同的作用，需要根据实际情况，对具体问题进行具体分析。有时，一种思维模型有能多种用途，既可以用来分析现状，也可以用来查找原因，还可以用来预测未来。

表 7-1 中展示了下面将要介绍的 20 种思维模型，是作者认为相对比较重要的模型，其被广泛应用于很多领域。如果读者有兴趣深入研究这些思维模型，建议阅读相关的专业书籍。

表 7-1

分　类	思维模型	
理解现状类思维模型	正态分布模型	幂律分布模型
	帕累托分析模型	本福特分析模型
	同期群分析模型	SWOT 分析模型
	PEST 分析模型	—
分析原因类思维模型	杜邦分析模型	矩阵分析模型
	RFM 分析模型	销售漏斗模型
	聚类分析模型	KANO 分析模型
	标杆分析模型	—
预测未来类思维模型	决策树分析模型	生命周期模型
	福格行为模型	夏普利值模型
	A/B 测试模型	线性回归模型

7.1　理解现状类思维模型

正态分布模型

在统计学领域，正态分布是一种很常见的模型，如人的寿命、血压、考试成绩、测量误差等，都属于正态分布，如图 7-1 所示。

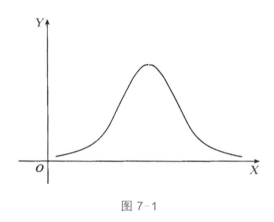

图 7-1

为什么正态分布模型很常见呢？

根据中心极限定理，如果一个事物受到多种相互独立的随机因素的影响，不管每个因素本身是什么分布，最终结果都属于正态分布。

因为许多事物都受到多种因素的影响，所以正态分布很常见。正态分布的特点是大部分数据都离平均值很近，几乎不可能出现极端异常的值。所以，在现实世界中，看不到一吨重的老鼠，也看不到一斤重的大象。

正态分布在生产管理中经典应用是"六西格玛"方法，简写为"6σ"，也就是对产品属性进行建模，明确误差要减小到什么程度，产品合格率才算达标。这样企业就有了量化的目标，从而可以花大力气去改善产品的质量。

假设有一家专业制造汽车配件的公司，生产一种直径为 21 毫米的螺丝，误差不能超过 1 毫米。也就是说，螺丝直径范围必须在 20 ～ 22 毫米，否则有可能导致安全事故，因此必须做好产品的质量管理。

由于螺丝直径的误差是由很多种随机因素影响的，如金属质量的变化、机器振动、温度和速度的波动等，所以根据中心极限定理，推断螺丝的直径应该服从正态分布。

公司不可能精确地测量每个螺丝的直径，通常会采取随机抽样的方法，根据样本计算平均值和标准差。假设平均值是 21 毫米，6σ 等于 1，也就是说标准差等于 1/6，如果能够达到这个标准，那么生产出来的产品的质量是比较可靠的，产品合格的概率高达 99．999 68%，要达到这个概率并不容易，需要持续改进才有可能做到。

管理的实践，并不是计算出标准差就万事大吉了，而是需要做很多非常艰巨的工作，使得实际的标准差降到标准值之内。

> ● 注意：学习思维模型，也不是理解了它的原理就好了，而是要把它应用到实践中，用它来解决现实中遇到的难题。虽然多种独立因素综合起来的结果是复杂多变的，但是能用简单直观的正态分布模型来解释，这充分体现了数学之美。
>
> 用数学和图表展现思维模型，能够更好地理解世界运行的规律。

掌握多种思维模型，能够提高我们推理、解释、设计、沟通、行动、预测和探索的能力，从而实现对世界更加细致的理解。

幂律分布模型

幂律分布也称为长尾分布，因为当把幂律分布画成图形时，会有一条很长的像尾巴的形状，如图 7-2 所示。

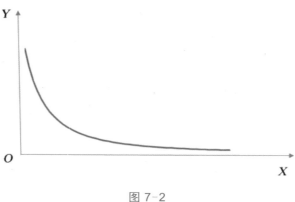

图 7-2

城市人口、物种灭绝、企业规模、链接点击、图书销量和大型灾难等，都属于幂律分布。

从幂律分布模型中可以得到一个启示：虽然发生大型灾难的概率很低，但是必须引起高度的重视。

小概率事件重复发生，必将变成大概率事件。假设有一种重大安全事故隐患，每天发生的概率是 1%，那么每天不发生的概率是 99%，一年 365 天都不发生的概率是 99% 的 365 次方，即 2.55%。也就是说，一年至少发生一次的概率等于 97.45%，随着时间的推移，概率将无限接近 100%。

> ● 注意：墨菲定律告诉我们：凡事只要可能出错，就会出错。当弱者听到这句话时，会把它当成借口，而强者把它当成警钟。

幂律分布的产生通常要求非独立性，一般以正反馈的形式出现。

比如，当一个城市的人口增加时，这个城市的基础设施会随之改善，工作机会也会随之增加，从而对其他人更有吸引力，使人口规模越来越大。

也就是我们常听到的，凡有的，还要加给他，叫他有余；凡没多的，连他所有的，也要夺去。社会学家把这种现象称为马太效应。

后来，人们发现类似的现象广泛存在。在管理学等领域，如果能抓住决定 80% 的那 20% 的关键部分，就能更好地化解难题。

1932 年，生物学家克莱伯做了一组实验，他把各种哺乳动物的体重的对数作为横轴，代谢率的对数作为纵轴，发现所有动物都分布在一条直线的附近，小到几十克的老鼠，大到几吨重的大象，竟然无一例外，如图 7-3 所示。

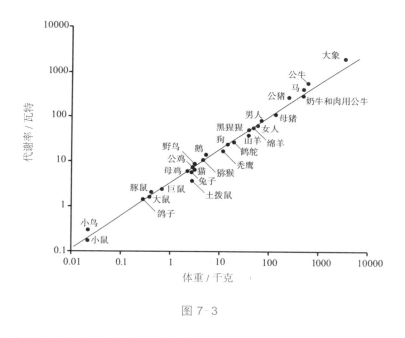

图 7-3

图片来源：杰弗里·韦斯特，《规模》，2018 年。

人们把这种现象称为克莱伯定律，它适用于所有种群，包括哺乳动物、鸟类、鱼类、植物和细胞。更为引人注目的是，类似的规模法则还适用于心率、基因组长度、大脑灰质、寿命和树木高度等，当取对数之后，画出来的图形都是一条直线，而且斜率是 1/4 的整数倍，所以有科学家推测，这是因为我们生活在四维空间中。

幂律分布让世界变得难以捉摸，让一些概率非常小的极端事件发生，就像超大规模的自然灾害，虽然发生的概率极低，我们知道它一定会发生，但是不知道到底什么时候会发生。幂律分布的相关知识非常丰富，本节只是一些简单的介绍，如果读者对幂律分布感兴趣，可以阅读相关专业书籍。

> ● **注意：**《规模》的作者杰弗里·韦斯特说过："每个基本定律都有例外，但是你仍然需要定律，否则你所拥有的只是毫无意义的观察。"正态分布反映了有序的规律世界，而幂律分布反映了无序的未知世界。虽然幂律分布模型让人难以预料，但是能帮助我们更好地认识世界，让世界变得更有活力，是我们对抗熵增的一种有效武器。

思维模型为探索世界提供助力，而经验和知识就像催化剂，帮助我们加速理解事物的本质。

帕累托分析模型

意大利经济学家帕累托发现，大约 20% 的人掌握了 80% 的财富。

后来，人们发现这种现象在许多领域都很常见。

- 大约 20% 的原因产生 80% 的结果。
- 大约 20% 的产品销售贡献 80% 的销售额。
- 大约 20% 的客户贡献 80% 的业绩。
- 大约 20% 的员工拿了 80% 的薪资。
- 大约 20% 的项目贡献 80% 的利润。
- 大约 20% 的时间取得 80% 的成果。

……

真实的比例未必正好是 20% 和 80%，但从全局的结果来看，很多情况下都接近这个比例，因此称其为二八法则，为了纪念帕累托，作者称其为帕累托分析模型。

要注意区分二八比例与二八法则，二者很容易搞混。比如，20% 是高消费人群，80% 是低消费人群，这是二八比例，不是二八法则。二八法则的特点是关键少数很重要，20% 的对象产生 80% 的结果，对象和结果通常属于不同的范畴，存在着不平衡的关系，所以也称其为关键少数定律或不平衡法则。

对高效能人士来说，通常会把一天当中 20% 的高效时间，花费在那些重要的事情上面，带来 80% 的产出，这就是帕累托分析模型在时间管理领域的应用。比如，你有 10 件待办事项，其中有 2 件是非常重要的事，如果你早上做事的效率最高，那么应该充分利用早上的黄金时间，优先去做这2 件非常重要的事。

若能应用帕累托分析模型，做到要事优先，懂得取舍，在解决问题时，就能抓住主要矛盾，不会被那些琐事牵着鼻子走。有一本书叫《微精通》，这本书的作者建议针对一门手艺，完成一个最小化的闭环，从而帮助我们实现真正的改变。

> ● 注意：虽然我们现在可能还不知道，某种思维模型将来能发挥什么作用，但是保持开放学习的好奇心和乐观的心态，肯定是有益的。

本福特分析模型

20 世纪 20 年代，物理学家弗兰克·本福特发现，在科学研究和工程设计中遇到的数据，有 30% 左右都以 1 为首位数。此后 10 年，本福特坚持不懈地探索这个现象，通过举一反三发现了更多符合该规律的数据，如网球得分、股票价格、河流长度、原子量、电费单等，全都有着相同的模式。本福特这种孜孜不倦的精神，值得我们学习。

1938 年，本福特推导出一套精确的计算公式：

$$P(n)=\log(1+1/n)$$

其中，$n=1 \sim 9$。根据这个公式，就能计算出每个首位数的比例。本福特是以非零数字为首位数，所以 0 不包括在内，如 126 和 0.0126 的第一个数字都是 1。需要注意的是，有些数据并不适用于本福特定律，如电话号码、邮政编码、年龄、体重、智商等。

比如，世界各地区的国内生产总值（Gross Domestic Product，GDP）的首位数基本符合本福特分析模型，如图 7-4 所示。

验证 GDP 首位数是否符合本福特分析模型

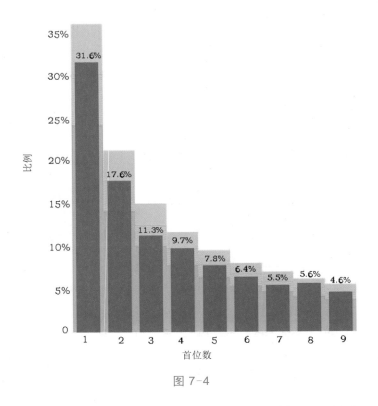

图 7-4

利用本福特分析模型，我们可以发现可疑的数据，通过大胆假设，小心求证，探究数据背后隐藏的信息，从而帮助我们更好地解决问题。虽然本福特分析模型目前无法确凿地证明，但是先发现一些数据的规律，再找到数据背后可能的原因，这正是本福特分析模型的力量和魅力所在。

比如，对于上市公司的财务数据，可以先应用本福特分析模型验证一下，如果发现首位数的比例严重偏离模型，那么有理由怀疑财务数据造假，再通过调查取证等方法验证这一假设。

思维模型是对现实世界的抽象和简化，它的价值是能够重新定义问题，从而找到更高效的解决方案。统计学家乔治·博克斯有一句名言："所有的模型都是错误的，但是有一些有用。"

在应用思维模型时，我们要保持警惕，不要被数据或模型误导。如果数据或模型应用不当，就像在开车时看一个不准的仪表盘，这对司机来说，错误的速度数据比没有数据更危险，后果不堪设想。

如果数据或模型应用得当，就像在看病时用先进的仪器检查，利用正确的数据和经验，能够帮助医生找到真正的病因。犯错并不在于数据或模型本身，而在于使用数据和模型的人。

> ● **注意：** 数据和模型的意义，并不是进行无数次高深的数学计算，而是在于更好地洞察现象背后的成因。只要是能够量化的事物，就能用算法和思维模型优化它。

用分析的视角、概率的思维、模型的算法解决工作和生活中的各种难题，努力做那些大概率对人生有益的事，如读书、写作、利他，避开那些小概率但致命的风险，如赌博、飙车、害人。

同期群分析模型

如果一个用户使用或购买某个产品，过了一段时间之后，该用户还在继续使用或购买这个产品，那么我们说这个用户是留存用户。

同期群分析模型是通过细分的方法，把同期的数据拿出来，比较相似群体随时间的变化发生哪些变化，帮助我们更好地分析留住用户的能力。比如，1 月发展了 1000 个新用户，2 月留存了多少？3 月留存了多少……

以此类推，假设 2 月又发展了 1000 个新用户，3 月留存了多少？4 月留存了多少……

对比 1 月与 2 月发展的新用户，同样间隔一个月，留存率分别是多少？每个用户都会经历一个生命周期，从获取，到激活，再到留存和获得收益，最后可能流失。

利用同期群分析模型，我们可以对比不同时期的用户，观察不同阶段的用户特征，看看关键指标的表现，是不是变得越来越好了。在做数据分析时，我们要避免对所有用户一刀切，不要忽略个体所处生命周期的特征。

如果把用户的特征都掩盖在平均值里面，那么很有可能会丢失一些重要的信息，导致无法形成更有价值的洞察。同期群分析模型的适用范围非常广泛，包括客户留存、销售收入、营业成本等任何关注的数据指标。

同期群分析是一种简单实用的思维模型，在《精益数据分析》中，有关于同期群分析的更多例子，推荐读者阅读、理解和学以致用。在互联网行业，因为互联网产品更新迭代的速度比较快，所以经常用同期群分析模型持续跟踪用户的 N 天留存率，将运营、推广等诸多因素综合起来分析，快速找到改进的策略，从而提升用户的留存率。

SWOT 分析模型

要做好数据分析，往往需要定性分析与定量分析相结合。一个普通的思维模型，高手可以运用自如，用来解决非常复杂的问题，发挥出巨大的威力。这就好比一个简单的武功招式，对内功深厚的武林高手来说，练到极致也能有出神入化的效果，并变成一种绝招。

在宏观战略层面，我们应该充分发挥自身的优势，抓住市场的机会，避开自己的劣势，减少外部的威胁。一个组织，对内部环境具有更大的控制权，对外部环境的控制通常比较弱。一个人也是一样，有把握改变的只有自己。

SWOT 分析模型可以用来帮助我们对所处环境进行全面、系统、准确的研究，从而做出正确的发展战略规划，也可以用来做竞争对手的分析。其中，S、W、O、T 分别代表：优势（Strength）、劣势（Weakness）、机会（Opportunity）和威胁（Threaten）。优势和劣势是内在的要素，机会和威胁则是外在的要素，如图 7-5 所示。

图 7-5

早在 1965 年，伦德（Learned）就提出过在 SWOT 分析中涉及的内部优势和弱点、外部机会和威胁。1971 年，肯尼思·安德鲁斯在《公司战略概念》中提出了一个战略分析的框架，用来描述公司内部环境和外部环境之间战略协调性，这就是著名的 SWOT 分析模型。

在应用 SWOT 分析模型时，我们可以先把优势、劣势、机会和威胁全部列举出来，并依照矩阵形式进行排列，然后把各种因素相互匹配起来，并加以分析总结，从中得出相应的结论。

SWOT 分析模型不仅适用于企业做战略规划，也适用于个人做职业发展规划。比如，小明把 SWOT 分析模型应用到自己身上，他先通过 HBDI（全脑优势）测验找到自己的优势，然后他在市场上寻找工作机会，发现很多公司正在招聘数据分析师。

数据分析师这个职位的要求与小明的优势比较匹配，所以他充分发挥自己的优势，并加强数据分析相关技能的学习，结果成了一名优秀的数据分析师。

> ● 注意： 面对日益复杂和充满不确定性的环境，我们需要运用多模型思维。模型是对世界的一种简化，单一模型可能导致决策的失误，如果运用多种模型相互验证，就能提高正确决策的概率。

PEST 分析模型

我们身处一个复杂的环境，有些因素对我们会产生深远的影响，如政治 / 法律、经济、社会、技术等。在一个快速变化的时代，在"趴下来"看微观之前，需要先"站起来"看宏观的环境。如果不知道宏观的环境，就不足以做出微观的计划。

运用 PEST 分析模型，可以帮助我们分析环境的关键影响因素，对总体的宏观环境有个大致的把握，从而更好地制定战略规划，如图 7-6 所示。

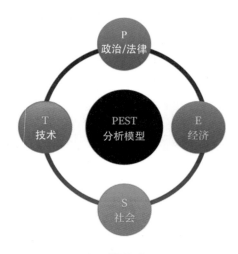

图 7-6

P、E、S、T 分别代表以下 4 个宏观的角度。

（1）Politics（政治 / 法律）。

政治包括国家的政治制度、环保政策、相关的法律法规、政府的方针政策。

简单来说，就是国家鼓励做什么。懂得国家规划的人，更容易抓住政策的红利。

（2）Economy（经济）。

经济有宏观经济和微观经济两个层面。宏观经济环境主要是指国家人口趋势、国民收入、GDP 等，微观经济环境主要是指地区的消费水平、储蓄情况、就业程度等。

简单来说，就是看经济的潮起潮落。比如，GDP 下滑、美元贬值。

（3）Society（社会）。

社会包括文化传统、价值观念、教育水平、社会福利、企业精神、潮流与时尚、新生代的生活态度等。

（4）Technology（技术）。

技术包括新技术、新工艺、新材料、新能源、互联网、大数据、人工智能，以及它们的发展趋势和应用前景等，科学技术是第一生产力。

在应用 PEST 分析思维模型时，先要考虑哪些环境的影响在过去很重要，并考虑这些环境在未来的变化趋势；然后将关键影响因素列出来，并进行总结和评估，从而制定战略规划。

每个人的人生都可以看成一家公司，自己是这家公司的首席执行官（CEO），应用 PEST 分析模型，可以帮助我们更好地规划自己的人生战略。

比如，小明出生于 20 世纪 80 年代，他当时面临的政治环境是国家正在推行计划生育政策，提倡晚婚晚育，少生优生，从而有计划地控制人口。

宏观经济环境是改革开放，解放和发展社会生产力，提高综合国力；微观经济环境是人民的生活和消费水平不断提高。

当小明高考时，面临的社会环境是大学扩大招生规模，让更多普通人圆了大学梦。

当小明参加工作以后，面临的技术环境是新的技术不断涌现，包括互联网、大数据、云计算、人工智能、物联网等。

随着社会的快速发展，预计未来的环境变化会越来越大，国家继续坚持改革开放的政策，人们的消费水平和教育水平都将进一步提高，高新技术将变得越来越重要，特别是大数据和人工智能技术的发展，让机器人完成越来越多简单重复的工作。

基于上面的 PEST 分析，小明知道想要更好地适应未来社会的发展趋势，就要努力提升自己的能力，加强学习，并且学以致用，知行合一，增强自己的核心竞争力。

PEST 分析模型只是提供了一个分析的框架，并没有提供分析指标的选择和评估标准，大量的指标需要到具体的环境中才有意义，我们可以根据自身的实际情况，不断挖掘和丰富。

读者可以运用多模型思维，把 PEST 与 SWOT 等分析思维模型结合起来使用。比如，构造一个 SWOT-PEST 矩阵，如图 7-7 所示。

SWOT-PEST		政治 / 法律（P）	经济（E）	社会（S）	技术（T）
外部因素	优势（S）	SP	SE	SS	ST
	劣势（W）	WP	WE	WS	WT
内部因素	机会（O）	OP	OE	OS	OT
	威胁（T）	TP	TE	TS	TT

图 7-7

选择顺应时代的趋势，制定合理的战略规划，梳理好治理的结构，做好当下的管理，这样才有更美好的未来。

> ● 注意：面对纷繁复杂且迅速变化的现实世界，每个人的认识其实都是片面的。适当运用数据分析的思维、方法、工具和模型，是我们每个人需要持续修炼的技能。
>
> 希望每个人都能树立终身学习的理念，结合实际情况，勤加练习，养成知行合一的习惯，努力成为更好的自己，进而创造更大的价值。

7.2　分析原因类思维模型

杜邦分析模型

有时，我们做事的方法可能都对，但就是达不到预期的效果。归根结底，很有可能是因为选错了模型。每种模型，都有自己的应用前提和适用场景，一旦前提或场景变了，模型可能就不适用了。

面对复杂多变的现实世界，我们需要能够根据具体的环境状况，在多个模型之间做出正确的选择，这是智慧的一种体现。我们可以把思维模型当成自己升级的武器，用来解决现实世界中的难题，在难题出现的地方，努力做到极致，做出价值和意义。

杜邦分析模型起源于 1802 年成立的杜邦公司，它的基本思想是将关键指标进行分解，这样有助于深入分析企业的经营业绩。杜邦分析模型的特点是将指标之间的内在联系有机地结合起来，形成一套指标体系，让数据分析的层次更加清晰，从而方便地找到影响业务的关键因素。

应用杜邦分析模型的步骤如下。

（1）从核心指标开始，逐层分解各个指标。

（2）制作杜邦分析图，并填入相关指标数据。

（3）对比前后期数据，或者进行横向对比。

杜邦分析模型可以一层一层地向下分解，形成一个类似金字塔的结构，从而比较清晰地展现指标之间的关系。该模型在财务分析、销售管理等领域都有着广泛的应用。比如，作者用 Excel 做了一个杜邦分析模型，它体现了数据分析的对比思维和细分思维，就是把一些重要的财务指标，按月进行对比，并进行层层分解，如图 7-8 所示。

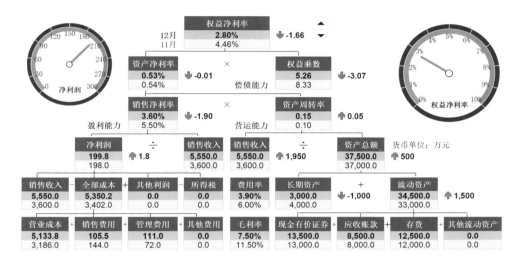

图 7-8

第一，权益净利率是一个非常重要的财务指标，对其进行分解可得权益净利率 = 资产净利率 × 权益乘数。

第二，进一步对资产净利率进行细分可得资产净利率 = 销售净利率 × 资产周转率。

第三，销售净利率 = 净利润 ÷ 销售收入。

第四，资产周转率 = 销售收入 ÷ 资产总额。

第五，资产总额 = 长期资产 + 流动资产。

以此类推，层层分解下去。

另外，作者在这个模型中还增加了上、下箭头，用来表示数据的上升和下降，通过微调按钮，可以直观地展现数据和图表的动态变化。在微信公众号"林骥"（ID：linjiwx）中回复：杜邦，可以获取该 Excel 文件的下载链接。

　　杜邦分析模型在销售管理中的最大作用是，从该模型中能够清晰看出工作责任、暴露的问题。我们在梳理业务流程时，通常需要关注部门之间是如何协同工作的。公司的上、下游部门和子部门都有自己的关键指标，利用杜邦分析模型，可以比较清楚地知道哪个环节出了问题。

　　杜邦分析模型带给我们的启示是，在日常的工作和生活中，要有对比思维、细分思维和上游思维，深度参与和服务自己的上一个环节，争取在问题发生之前，把问题解决掉。

　　在解决问题的过程中，用科学的方法和开放的态度，去研究、尝试和验证，不断探索新的模型，积累实战的经验，提升自己深度思考的能力和科学决策的能力，从而有能力去选择和运用合适的模型，解决更加复杂的现实问题，为社会创造更大的价值，这将是我们的宝贵财富。

　　如果你能熟练掌握一些思维模型，并且能够适当加以应用，那么你将是一个能够解决复杂问题的专家。

矩阵分析模型

　　一个思维模型背后，可能涉及很多相关的背景知识，但对使用思维模型的人来讲，真正关心的是如何应用模型去解决实际的问题，而不是模型背后复杂的原理和公式。

　　比如，在使用手机和计算机时，我们关心的是其中软件的应用和运行的速度，并不需要理解其中的原理和算法。学习思维模型的原则也是侧重于应用。作者希望能通过简单朴素的方式，把自己学习、思考和实践过程中总结出来的有价值的信息，分享和传递出去，让更多的人能够从中受益。

　　波士顿咨询公司的创始人布鲁斯·亨德森，于1970年创建了一种矩阵分析模型，他选择两个重要的指标，分别作为二维坐标的横轴和纵轴，形成一个具有四个象限的矩阵，所以通常称其为波士顿矩阵，也称为四象限分析法。

波士顿矩阵通常被用来分析产品结构，其中包括两个重要的指标，分别是销售增长率和市场占有率。这两个指标把产品分成 4 种类别，每个类别对应建议采取不同发展策略，从而实现产品结构的良性循环，如图 7-9 所示。

- 明星类产品：加大投资。
- 问题类产品：选择策略。
- 金牛类产品：保持现状。
- 瘦狗类产品：逐步放弃。

图 7-9

应用矩阵分析模型的步骤如下。

（1）提炼两个重要的指标。

（2）绘制四象限分析图表。

（3）分析总结和提出建议。

矩阵分析模型的应用非常广泛，只要能找到两个关键指标，就可以试着应用它进行分析。比如，有一个超市数据集，其中包含每个地区的销售额、数量、折扣和利润等数据，可以先从中提炼出两个重要的指标：销售额和利润率，然后绘制四象限分析图表，如图 7-10 所示。

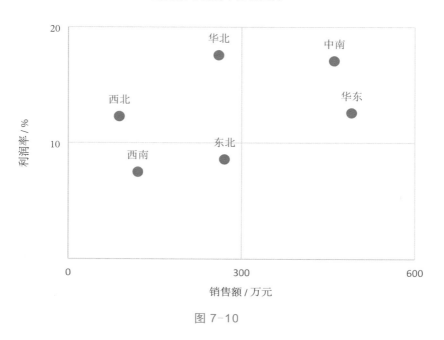

图 7-10

根据上面的销售额与利润率分析矩阵,可以结合对业务实际情况的理解,分析总结业务的亮点和不足,从而有针对性地提出有用的建议。比如,华北地区的利润率最高,但是销售规模一般,可以试着分析总结华东地区的销售经验,用来提升华北地区的销售额,同时让利润率保持在较高的水平,从而提升企业整体的利润率。

安索夫矩阵是一种应用广泛的营销分析工具,是伊戈尔·安索夫在1957 年提出来的一种模型。安索夫矩阵以产品或服务作为横轴,以客户或市场作为纵轴,形成一个 2×2 的矩阵,对应 4 种营销策略,如图 7-11 所示。

(1)产品延伸。

把新产品卖给老客户,通常是对老产品进行升级,增加深度或扩大广度,从而增加客户购买率。比如,苹果公司每年推出新的手机型号,还陆续有新的产品上市,未来可能卖电动汽车。

图 7-11

（2）市场渗透。

把老产品卖给老客户，通常是用促销或提升服务品质等方式，提高客户复购率。比如，给客户赠送免费礼品，打折促销，增值服务等。

（3）市场开发。

把老产品卖给新客户，在不同市场上寻找具有相同产品需求的新客户，提高客户转化率。比如，通过投放广告，增加产品的曝光度。

（4）多元经营。

把新产品卖给新客户，需要在技术和营销等方面有竞争力，否则大概率会失败。比如，一家小公司的新产品，要想被大众知道并购买，不仅要想办法满足客户的某种需求，还要想办法做好营销推广等工作。

以一家咖啡店为例，利用安索夫矩阵，可以对每种场景进行分析，并给出相应的营销建议。

● 场景 1

如果把一种新的咖啡，卖给以前一直喝咖啡的老客户，应该选择哪种营销策略？这是把新产品卖给老客户，建议选择产品延伸策略。

一种是产品功能的延伸，如增加新口味的咖啡，降低咖啡因，让喝咖啡变得更健康。另一种是使用场景的延伸，如原来是在咖啡店里面喝咖啡，现在可以在办公室或在家里喝咖啡，甚至在上班、出差、回家的路上都可以随时随地喝咖啡，从而推出便携、速溶咖啡等品种。

● 场景 2

如果把一种现有的咖啡，卖给以前一直喝咖啡的老客户，应该选择哪种营销策略？这是把老产品卖给老客户，建议选择市场渗透策略。

对于一个成熟的、竞争激烈的市场，企业拼的是实力，看谁的效率更高、品质更优、价格更低、服务更好，如果企业具备核心竞争力，就能获得老客户的青睐，从而不断重复购买咖啡。

● 场景 3

如果把一种现有的咖啡，卖给以前不喝咖啡的新客户，应该选择哪种营销策略？这是把老产品卖给新客户，建议选择市场开发策略。

当老产品的商业模式经过验证成立之后，剩下的事情往往比较简单粗暴，即利用资本的力量，花钱投放广告，让更多的新客户光顾并购买，迅速占领市场。

● 场景 4

如果把一种新的咖啡，卖给以前不喝咖啡的新客户，应该选择哪种营销策略？这是把新产品卖给新客户，建议选择多元经营策略。

此时需要思考很多问题，如为什么这些人不喝咖啡？是觉得味道太苦？还是怕喝了睡不着……

这时需要先有个大致的定位，对客户进行画像分析，并通过一些调研，了解客户不喝咖啡的真实原因，洞察客户的真实需求，然后推出能真正满足新客户需求的新咖啡，如口味不苦的咖啡，不影响睡眠的咖啡等，让原来不喝咖啡的人也开始喜欢喝咖啡。

总结一下营销的两个重要维度，一个是产品或服务，另一个是客户或市场，交叉形成一个 2×2 的矩阵，对应 4 种不同的营销策略：产品延伸、市场渗透、市场开发、多元经营。过去的创新，很多是以产品为中心，现在的创新，更多是以客户为中心。

前两种营销策略：产品延伸和市场渗透，都是跟老客户做生意，本质是把业务做深，尽可能满足老客户在不同场景下的需求，这种创新方式拼的是市场洞察能力，要深入到老客户的具体场景中，挖掘出他们还没被满足的深层需求。

后两种营销策略：市场开发和多元经营，都是跟新客户做生意，本质是把业务做宽，尽可能覆盖更多不同的人群，这种创新方式拼的是营销资源，产品覆盖的人群越广，获得的营销资源越多。

矩阵分析模型相对比较简单直观，没有复杂的理论公式，关键是理解它的分析思维，用自己积累的知识经验，找到两个重要的指标，并对它们进行深入的分析，从而解决实际的问题。

矩阵分析模型的应用非常广泛，不仅能用来分析产品和销售，也能用来做人群划分，还能用来实现梦想。

> ● 注意：合理地应用矩阵分析模型，能够帮助我们更好地抓住问题的关键，更深刻地理解关键指标之间的联系，提高我们分析思维能力，从而提出更有前瞻性的建议，帮助我们做出更加科学的决策。

RFM 分析模型

很多思维模型的本质都是在研究人的行为，RFM 分析模型的本质也是在研究人的行为。美国有一个叫 Arthur Hughes 的研究所，其从客户数据库中发现了以下 3 个神奇的要素。

- Recency：最近购买时间。购买时间越近，价值越大。
- Frequency：累计购买次数。购买次数越多，价值越大。
- Monetary：累计购买金额。购买金额越高，价值越大。

可以将这 3 个要素分别按价值的高、低进行分组，从而得到 8 种不同类型的客户，分别采取不同的营销策略。运用上文介绍的矩阵分析模型，把 8 种类型按照 M 值的高、低分成两个矩阵。一个矩阵是针对 M 值高的重要客户营销策略，如图 7-12 所示。

（1）**重要价值客户**：R 值高、F 值高、M 高，可以为这类客户提供个性化的 VIP 服务，提升品牌的价值。

（2）**重要发展客户**：R 值高、F 值低、M 高，可以为这类客户制订客户忠诚度培养计划，帮助他们成为重要价值客户。

（3）**重要保持客户**：R 值低、F 值高、M 值高，可以为这类客户推送个性化的激励活动，以重新建立连接，提高他们的复购率。

（4）**重要挽留客户**：R 值低、F 值低、M 值高，可以对这类客户采取召回策略，调查问题所在，想办法进行挽留。

另一个矩阵是针对 M 值低的一般客户营销策略，如图 7-13 所示。

（1）**一般价值客户**：R 值高、F 值、高值 M 低，可以为这类客户提供优惠活动，以吸引他们提高客单价。

（2）**一般发展客户**：R 值高、F 值低、M 值低，可以为这类客户提供试用活动，以提高他们购买的兴趣。

（3）**一般保持客户**：R 值低、F 值高、M 值低，可以改变宣传策略，以刺激他们继续购买。

（4）**一般挽留客户**：R 值低、F 值低、M 值低，可以适当减少营销预算，以降低营销的成本。

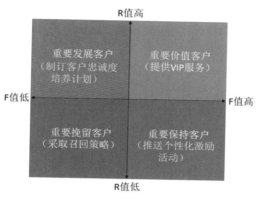

图 7-12

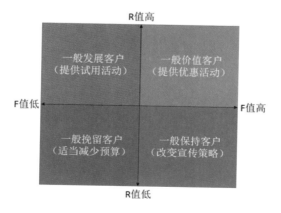

图 7-13

以超市的数据为例，可以对客户价值进行分类，并用条形图展现不同类型的客户数量占比，如图 7-14 所示。

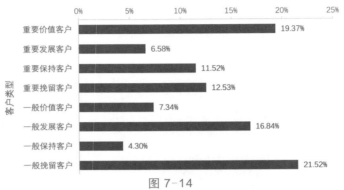

图 7-14

从图 7-14 中可以看出，一般挽留客户的占比较大，重要发展客户的占比较小，说明客户忠诚度有待提升。建议制订客户忠诚度培养计划，通过促销活动等形式，激活重要保持客户，深挖重要发展客户，吸引客户重复购买，提升客户忠诚度，不断产生新的重要价值客户。

假设你的营销预算不多，只能给 20% 的客户提供服务，你是选择服务重要价值客户，还是选择服务一般挽留客户呢？同样的成本，不同的营销策略，带来的收益差异可能是巨大的。

如果把微信通信录中的联系人当作客户，那么也可以运用 RFM 分析模型管理我们的重要人脉资源，按照最近的联系次数（F）、联系时间间隔（R）、联系深度（M）进行分类，可以重点关注前 4 类人，如图 7-15 所示。

（1）**重要价值的人**：联系次数多、联系时间间隔短，如亲密的家人、很好的朋友、重要的客户、领导、同事等，与他们保持良好的关系。

（2）**重要发展的人**：联系次数少、联系时间间隔短，如联系次数不多的朋友等，增加与他们的互动，增进感情。

（3）**重要保持的人**：联系次数多、联系时间间隔长，如很久没有联系过的朋友等，与他们主动联络，保持沟通。

（4）**重要挽留的人**：联系次数少、联系时间间隔短，如联系次数不多，且很久没有联系过的朋友等，分析疏远的原因，并想办法努力挽回。

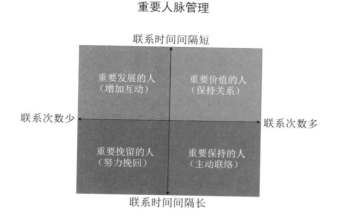

图 7-15

保持对爱的热忱，学会关心那些对你很重要的人，不要让他们变成像陌生的路人一样。总之，RFM 分析模型是一种对客户进行细分的技术，其原理简单易懂，几乎不用任何专业的知识就能快速对客户进行分类，并针对不同类型的客户，制定差异化的营销策略，从而做出更加明智的决策，反过来又能提升客户忠诚度。

RFM 分析模型实现起来也很方便，用 Excel 和 Python 可以实现，其他分析工具基本也可以实现。作者从 RFM 分析模型中得到一点重要的启发是，要重点维护好那些对自己很重要的人。

销售漏斗模型

1898 年，美国有一个叫艾尔莫·里维斯（Elmo Lewis）的人提出了漏斗模型的概念，后来被人们总结为 AIDA 模型，也称为爱达公式。其中，A、I、D、A 的含义分别代表如下。

- A：Attention，注意。
- I：Interest，兴趣。
- D：Desire，欲望。
- A：Action，行动。

从吸引客户的注意，到引起客户的兴趣，再到让客户产生拥有的欲望，最后促成客户购买的行动，每个环节都会有客户流失，越靠后的环节，客户数量往往越少，画出来的图形就像一个漏斗。

以常见的销售过程为例，可以把客户细分为目标客户、意向客户和订购客户，销售漏斗模型如图 7-16 所示。

销售漏斗模型

图 7-16

从销售漏斗模型的形状可以比较直观地看到每个环节的转化情况。通过横向或纵向的对比，发现业务中可能存在的问题，并进一步分析原因，从而有针对性地提出解决问题的建议。

一个好的思维模型，可以促进沟通和行动，从而产生良性循环的好结果。读者可以根据自身业务的实际情况，细分为更多的环节。在应用思维模型时，不要停留在问题的表面，而要透过现象看本质，思考思维模型背后的逻辑。

（1）过程重于结果。

结果是由过程产生的，如果每个过程都做好了，那么结果通常不会太差。

比如，把销售的每个阶段都做好了，目标客户定位精准，营销的转化率高，那么订购客户通常不会少。

（2）预防重于纠错。

在问题发生之前，要提前预测到可能出现的问题，并采取相应的预防措施，这比在问题发生之后再进行纠错更加重要。有一个扁鹊三兄弟的故事，据说扁鹊的大哥医术最高明，因为他能预防疾病的发生。

（3）该说的要说到。

让过程变得制度化、规范化、程序化。如果不能实行法治，那么过程会变得随意。

（4）说到的要做到。

凡是制度化的内容，都必须严格执行。如果有制度却不执行，那么不如没有制度。

（5）做到的要见到。

凡是已经发生的过程，都要留下记录。如果没有记录，那么不利于管理决策。

（6）让流程标准化。

在深入细致研究的基础上，借鉴优秀的经验，制定标准化的流程。如果没有标准化的流程，那么难以沉淀成功的经验。

销售漏斗模型是科学反映销售效率的一个模型，本质上是对销售过程的精细化管理，可以帮助我们把流程标准化并沉淀下来。

> ● **注意：**　需要注意的是，任何一个思维模型，都不可能解决所有的问题。应该根据实际情况，把更多的时间和精力，用来灵活地选择和应用多种思维模型，从而做出更加科学的决策。

聚类分析模型

聚类分析也称为群分析，是把一些原来没有分类的数据，通过某种算法，让相似的数据"聚"在一起，划分为不同的"类"，从而揭示出数据内在的特征和规律。

比如，现在有客户的性别、年龄、地区等个人信息，还有购物信息等RFM分析模型，如果是要分析客户的购物特征，那么可以先排除客户的个人信息，只使用购物信息进行聚类，从而避免聚类结果被个人信息影响。

当得到聚类结果之后，可以结合客户的个人信息，把客户分成若干个不同的类别，给客户打上相应的标签，按照二八法则，识别出重要保持客户，为其提供个性化的服务，从而为客户创造价值。

聚类分析属于一种无监督学习，类似认知事物的过程。当面临大量未知的事物时，可以通过寻找其中的规律，挖掘数据内部的分布特性，反映出数据之间的异同，从而建立一套划分的方法，让我们更加深入地了解事物的内在特征，从而提高了认知事物的能力。

比如，当你进入一个陌生的群体，没有人帮你介绍时，你根据性格、行为等方面，将不同的人划分为不同的类别，并根据经验来定义类别的标签，如谨慎型、外向型、体贴型等。

这个过程属于无监督学习，因为事先无人教你。对于监督学习，好像有一位老师在旁边教你，这位老师对群体里面的每个人都很熟悉，他会向你介绍每个人，帮你先做好了分类，并且贴好了标签。

但是，当老师提供的信息有误时，会导致你的认知出现偏误。假如有一个"异类"，不属于老师介绍的任一类型，会使你无法做出正确的判断。

聚类分析模型在很多学科都有重要的应用，如数学、统计学、计算机科学、经济学和生物学等。

聚类分析模型应用在商业上，可以用来发现不同的客户群体；应用在生物上，可以用来对动植物和基因进行分类。在做聚类分析时，先要考虑解决的问题是什么，然后选择适当的变量进行聚类。

> **注意：** 记住：不要脱离业务问题谈模型，而要让模型更好地为业务决策服务。

KANO 分析模型

对于一个多功能的产品，你是否想知道以下问题。

- 哪些功能是必须具备的？
- 哪些功能是用户期望的？
- 哪些功能是有吸引力的？
- 哪些功能是可有可无的？
- 哪些功能是让人讨厌的？

1984 年，东京理工大学的 Kano 教授提出一种模型，他用该模型研究产品功能与用户满意度之间的关系，实现对用户需求进行分类和优先级排序，如图 7-17 所示。

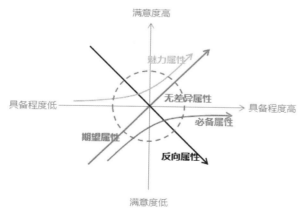

图 7-17

KANO 分析模型根据用户对产品功能的不同感受，把影响满意度的属性分为以下 5 种类型。

（1）必备属性。

必备属性也称为基本型需求，此时用户关心的是能不能用。

当一个产品的基础功能没有做好时，用户会表现出不满的情绪，但是这类功能即使做得再好，用户也认为理应如此，满意度最多趋近于 0。比如，对一部手机来说，打电话功能是一个必备属性。如果手机不能用来打电话，那么用户肯定会不满意。

（2）期望属性。

期望属性也称为意愿型需求，此时用户关心的是好不好用。当一个产品的期望功能没有做好时，用户会不满意；当这类功能做得越好时，用户会越满意。比如，手机的续航时间太短，每天需要充好几次电，那么用户会不满意。

（3）魅力属性。

魅力属性又称为兴奋型需求，此时用户关心的是是不是惊艳。当一个产品的亮点功能没有做好时，用户不会觉得有什么问题，一旦有了这类功能，用户会很兴奋，甚至忍不住推荐给朋友。比如，以前在手机上听歌是一个魅力属性，能让用户眼前一亮。随着时间的推移和该功能的普及，魅力属性可能逐渐变成期望属性或必备属性。比如，现在在手机上听歌已经变成必备属性了。

（4）无差异属性。

无差异属性又称为无差别需求，此时用户根本不关心有没有这个功能。当一个产品的功能可有可无时，用户对此功能的感受没有什么变化。比如，用微波炉听歌是一个无差别需求，因为人们担心微波炉有辐射和使用时间短，很少会有人用微波炉听歌，所以微波炉能不能听歌都无所谓。

（5）反向属性。

反向属性又称为逆向型需求，此时用户关心的是能不能撤销。当一个产品的反向功能做得越多时，用户会越不满意。比如，手机上的一些低级广告出现得越多，一般用户会越讨厌。需要注意的是，同一个产品功能，不同用户的感受可能也不同。比如，对于一些精准的广告，有些用户是喜欢看的。

以上 5 类属性优先级排序如下。

必备属性 > 期望属性 > 魅力属性 > 无差异属性 > 反向属性

产品功能需要在多种利益之间寻找平衡，而用户的需求往往是非常复杂的，并不是简单的非黑即白。比如，广告功能是很多产品能够持续存在的基础，但是不恰当的广告内容或形式会让用户不满意。

> ● 注意：　一个好的产品，应该权衡利弊，既要抓住用户的痛点，满足用户的必备需求，让用户觉得没有它不行，又要有亮点，让用户有意料之外的惊喜。

标杆分析模型

你有没有向标杆学习的经历？你知道如何学习才能更加高效吗？你曾经从标杆身上学到了什么？

标杆分析模型是指与标杆进行对比，分析标杆的优点，并找到适合自己的行动方法，能够帮助我们正确地向标杆学习，从而更快地获得能力提升。无论是个人，还是企业，甚至是国家，都可以运用标杆分析模型，经过分析、对比和改进，形成良性循环。

对个人来讲，为了提升自己的能力，可以找几个自己最佩服的人，把他们作为标杆，分析他们身上值得学习的地方，并通过对比，找到自己可以改进的方向，确定下一步行动的方案。很多家长喜欢说，你看看别人家的孩子……再看看你……家长其实是在帮孩子树立标杆，但是大多数孩子都有抵触内心。

其实家长不妨从自身出发，看看别人家的家长，再看看自己，经过分析之后，试着努力改变自己，或许孩子的问题也就解决了。孟子在两千多年之前说过一句话："行有不得者，皆反求诸己。"作者觉得这句话说得非常好，适用于每个人，每家企业，甚至每个国家。

我们自己应该向标杆好好学习，如果行动没有达到预期的效果，那么要从自己身上找原因，不要怪罪其他人。对企业而言，为了提升公司的业绩，可以找几家标杆企业，分析总结标杆企业的产品设计、销售、服务、经营策略等，从中找到可以改进的方法，进而做出更加科学的决策。

> ● 注意：需要注意的是，标杆的选择非常重要！如果选错了标杆，那么后果会很严重。比如，企业把销售业绩最差的地区作为标杆，那么销售业绩将很难获得提升。
>
> 有人说，榜样的力量是无穷的。我们在选择榜样时也要特别注意，要多学习榜样身上的优点，不要学习其缺点。

与自己反复试错相比，向标杆学习肯定会更加高效。如果你能合理应用标杆分析模型，充分发挥自身的优势，那么可能起到事半功倍的效果。标杆不仅确立了标准、树立了榜样，而且提供了一套切实可行、行之有效的经验。

7.3　预测未来类思维模型

决策树分析模型

决策树分析模型是指把决策的节点画成树的形状，列出不同状态下的概率和期望值，可以直观地显示决策的过程，从而帮助我们做出正确的决策，如图 7-18 所示。

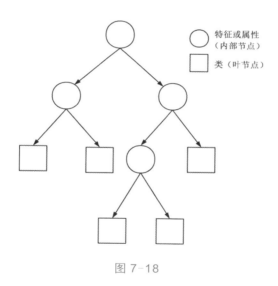

图 7-18

决策树分析模型的意义在于先把所有选项列出来，然后对这些选项进行概率分析。当问题比较复杂时，如果只是停留在大脑里，那么容易出现遗漏的情况。在做出重大决策之前，不妨先画一棵决策树，然后问自己以下 5 个问题。

- 为何这个选项优于其他选项？
- 这个选项经得起仔细推敲吗？

- 能不能综合其他选项的优点？
- 有没有把问题想得过于简单化？
- 是否正确评估选项的不确定性？

假设你有 10 万元，有个朋友劝你用来投资一家初创公司，这家公司计划研发一种新的产品，如果该产品成功进入市场，那么你将有机会获得 500 万元的回报；如果投资失败，那么你将血本无归。

这项投资的潜在回报非常诱人，但风险也很大，请问你应该如何决策？你可能会问投资成功的概率有多大？你的朋友告诉你，预估产品研发成功的概率为 30%；如果产品研发成功，那么获得批准的概率为 80%；如果产品获得批准之后，没有被竞争对手打败，那么成功进入市场的概率为 50%；如果一切顺利，那么你将获得 500 万元的回报；如果其中任何一个环节失败，那么你将血本无归。

利用决策树分析模型，可以画一个树形图，如图 7-19 所示。

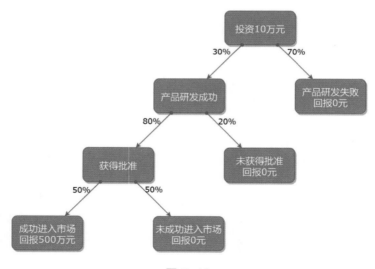

图 7-19

通过观察决策树形图可以算出，投资成功的概率 =30%×80%×50%=12%，预期回报 =500×12%=60 万元。虽然预期回报是投资额的 6 倍，但是不要忘记，投资失败是大概率事件，失败的概率高达 88%。至于是否要投资，取决于你的实际情况和风险偏好。

按照大数定律给出的建议是，只要上面的预估概率大致准确，对资金充足的投资者来说，应该尽可能多地找到类似的投资机会，数量越多越好，在几百个项目里面，肯定有一些会成功，有一些会失败，但从平均的角度看，最终会获得高回报，这是很多成功的投资机构正在做的事。

如果这 10 万元是你辛辛苦苦积攒的血汗钱，一旦投资失败，生活将受到严重的影响，那么建议你避开此类风险比较大的投资项目，不要用赌博的心态做投资的决策。

> ● 注意：另外，需要特别注意的是，决策树分析模型也有它的缺点，其中主观概率可能偏差太大，因此可能导致决策失误。在《决策与判断》中，有这样一句话："脱离情境的决策是不存在的。"我们每天都在经历各种各样的情景，要做出各种各样的选择，每次选择其实都是在进行决策。

决策具有滞后效应，现在的选择，短期内可能看不出明显的差别，但长期看，日积月累，对未来的发展可能会产生深远的影响。比如，一个人今天是选择看书学习一个小时，还是选择看短视频娱乐一个小时，明天都还是照样过，可能看不出什么差别。

如果把时间拉长，如 5 年之后，不同的选择，结果可能会相差甚远。能力是努力的积累，成绩是能力的积累，形象是成绩的积累，所有积累都需要时间。我们往往高估一个决策的短期影响，却严重低估一个决策的长期影响。我们应该尽最大的努力，做最好的打算，也接受最坏的结果。

生命周期模型

生命周期模型可以帮助我们更好地理解客户，从而有利于营销活动的策划和运营管理的决策。每个生命，都有从出生到死亡的过程。客户生命周期是指客户从第一次购买到最后一次购买的时间间隔。结合上面介绍的RFM分析模型，可以把客户生命周期分成不同的阶段。

因为行业和品类的特殊性，划分阶段的标准不是唯一的。可以根据自己的实际情况，定义适合自己业务的标准。为了方便理解，下面介绍一种划分方法，以供读者参考。其中，R代表最近购买日期与指定日期的间隔天数，F代表累计购买次数。

（1）新生客户（R<360，F<4）。

如果客户最近购买次数不多，如在360天内购买不超过4次，那么将这类客户定义为新生客户。

（2）有效客户（R<360，4≤F<7）。

如果客户最近购买次数较多，如在360天内购买了4到6次，那么将这类客户定义为有效客户。

（3）活跃客户（R<360，7≤F<10）。

如果客户最近购买了很多次，如在360天内购买了7到9次，那么将这类客户定义为活跃客户。

（4）忠诚客户（R<360，F≥10）。

如果客户最近购买次数非常多，如在360天内购买了10次或10次以上，那么将这类客户定义为忠诚客户。

（5）休眠客户（360≤R<720）。

如果客户很久没有来购买，如在最近360天到720天内没有再购买，那么将这类客户定义为休眠客户。

（6）流失客户（R≥720）。

如果客户已经离开非常久，如超过720天都没有再购买，那么将这类客户定义为流失客户。事实上，客户生命周期通常不是理想化的按照顺序演变。比如，很多客户在购买一次之后，就直接进入休眠甚至流失状态。

客户生命周期是动态的，可以在任意时间点进行计算。单独的一个数据没有什么意义，只有经过对比，才能知道数据代表的真实含义。比如，客户平均生命周期为 823 天，与过去相比是否有进步？与同行相比是否更好？

> ● 注意：　客户作为一个人，往往具有多面性。理解客户，本质是要洞察和满足客户的需求。如果按照客户生命周期划分客户，那么有助于我们理解不同阶段的客户需求，从而有针对性地采取运营策略，在成本可控的前提下，尽可能延长客户的生命周期。

福格行为模型

福格行为模型是斯坦福大学的福格教授提出的，主要用来分析行为的产生原因和基础心理，其核心是行为公式：B=MAP，表示当动机（Motivation）、能力（Ability）和提示（Prompt）同时出现时，就会发生行为（Behavior）。

效果如图 7-20 所示。

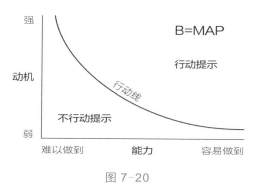

图 7-20

也就是说，行为的产生有三大要素：一是要有做这件事的动机，二是要有能力完成这个行为，三是要有让人采取行动的提示。这三个要素缺一不可。

做数据分析要懂业务，而很多业务的核心是客户，提升业务指标，往往要让客户做出某些行为。比如，要想提升销售额，本质上是要让客户产生购买产品的行为。应用福格行为模型，需要回答以下三个问题。

- 动机（Why）：客户为什么购买产品？
- 能力（How）：客户如何方便地购买？
- 触发（What）：是什么触发客户购买？

如果客户没有购买产品，要么是动机不足，要么是能力欠缺，要么是提示不够。假如数据显示女性客户的购买转化率偏低，应用福格行为模型进行分析如下。

- 动机：什么样的产品对女性客户更有吸引力？
- 能力：什么样的价格能让女性客户觉得自己有能力购买产品？
- 触发：什么样的促销和渠道能让女性客户购买产品的转化效果最好？

在上面应用福格行为模型的过程中，其实结合了以下 4P 营销理论。

- 产品（Product）。
- 价格（Price）。
- 促销（Promotion）。
- 渠道（Place）。

如果你能通过数据分析，洞察业务的本质，找到问题的主要原因，提出更加科学的建议方案，并且推动方案落地执行，你就成功创造了价值。

夏普利值模型

现在我们学习的某项技能，将来说不定某天能发挥巨大的作用。在学习了多种思维模型之后，我们将会有能力解决更多困难的问题，从而创造更大的价值。

美国著名数学家和经济学家罗伊德·夏普利，提出了夏普利值的概念，这个概念提到让利益分配方式变得更加科学合理。夏普利值模型的目标是构造一种综合考虑各方利益的分配方案，让所得与贡献相等，从而保证分配的公平合理性。

夏普利值模型用来思考权力等问题非常有用，因为无论是个人、组织、企业，还是政府，权力都部分取决于他们所创造的价值。

当一个人在组织中可有可无时，相当于价值为零，如果公司需要裁员，首先想到的就是那些没有价值的人。对数据分析师来说，如果制作的报告没有人看，这项工作就是无用功，此时应该需要反思一下。要想提升数据分析的价值，就要想方设法以适当的方式展现他人关心的信息。假如你的分析建议能帮助他人做出更好的决策，他人当然愿意看报告。

假设有一个数据分析团队，必须运用分析思维和分析工具才能正常完成工作，这个团队至少需要一个能运用分析思维的人，和一个熟能运用分析工具的人。

假设现在有 3 个人，为了方便理解，分别用 A、B、C 作为代号，其中 A 只能运用分析思维，B 只能运用分析工具，C 既能运用分析思维，又能运用分析工具。

如果公司为数据分析团队分配了 12 万元的奖金，只要能够正常完成工作，那么这个金额等于团队的总价值。其中，如果任何两个人来上班了，第三个人就不是必需的。也就是说，最后一个加入团队的人价值为零。

我们考虑这 3 个人来上班的所有 6 种次序，并判断每种情况下每个人是否增加价值。其中，字母后面的√代表增加价值，x 代表没有增加价值。

（1）A × B √ C × 。

（2）A × C √ B ×。

（3）B × A √ C ×。

（4）B × C √ A ×。

（5）C √ A × B ×。

（6）C √ B × A ×。

A 只有第（3）种情况能增加价值，其价值等于 12 万元的 1/6，即 2 万元。

同理，B 只有第（1）种情况能增加价值，其价值也等于 2 万元。

在其他 4 种情况下，C 都能增加价值，其价值等于 12 万元的 4/6，即 8 万元。在这个例子中，能同时运用分析思维和分析工具的 C，其价值等于 (A+B) 的两倍。所以，一个人的价值，不在于你有多少资源，也不在于你有什么历史贡献，在于在所有可能的合作中，有多少项是缺了你不行的。

学习夏普利值模型给我们的一个重要启发是，要努力提升自己的核心竞争力。学习、思考运用思维模型是提升核心竞争力的方法之一。做这件事情很难，需要坚定的意志和持久的耐力，但制订一个宏大的目标，就像推动一个巨大的飞轮，坚持不懈地朝着一个方向努力，当飞轮开始转动之后，就会越来越快。

> ● 注意：如果你能利用自己擅长的、热爱的、并且是社会需要的技能，创造足够大的价值，就相当于拥有了宝贵的稀缺资源。

A/B 测试模型

假设你是某个应用软件的负责人，你的团队成员正在争论不休，因为一个页面的设计改版，现在面临一个选择难题：到底是选择 A 方案好呢？还是 B 方案好呢？

A/B 测试是指在同一时间段，给同类用户分别展示优化前和优化后的方案，并通过数据分析，判断是否符合预期的一种试验方法。

广告界有一句经典的名言："我知道在广告上的投资有一半是无用的，但问题是我不知道是哪一半。"这句话在传统的广告行业一直有效。随着互联网的发展，人们能够快速获取大量的用户行为数据，从而能够准确地衡量广告的效果，减少无效广告的投放，这背后的关键技术是 A/B 测试模型。

在互联网时代，细节决定成败。谷歌、Facebook、字节跳动等知名互联网公司，都在大量应用 A/B 测试，无论是颜色的调整，还是位置的摆放，或者是文案的设计，很多细节都会通过 A/B 测试进行验证，从而实现产品的持续优化。

A/B 测试在互联网、医疗、金融等领域都有着广泛的应用，下面以应用软件设计方案的选择为例介绍 A/B 测试。

首先，要明确判断好坏的指标是什么，如转化率高代表好。

其次，要合理地分割流量，保证 A 组和 B 组的用户特征基本一致，并且都具有代表性，能够代表总体用户特征。

如果总体流量比较大，为了减少测试可能造成的损失，在刚开始测试时，建议先小范围测试，如用 2% 的流量进行测试，其中 1% 的用户作为 A 组，另外 1% 的用户作为 B 组。

当流量足够大时，还可以根据用户的特征（如年龄、性别等）划分出更细致的用户群体，分别进行 A/B 测试，尽量排除其他因素的互相干扰。

再次，通过数据分析对比测试结果，并做显著性检验。

假如检验结果不显著，那么有可能是因为样本量不足，建议加大测试的流量，以期更加显著的测试结果，这样才能指导下一步的行动决策。

最后，在大胆假设的基础上，一定要小心求证，考虑是否需要进行灰度发布，让一部分用户先试用新的版本，避免出现辛普森悖论那样的情况，否则可能会造成不良影响。

辛普森悖论是英国统计学家辛普森于 1951 年提出的，即在某个条件下的两组数据当分别讨论时，都会满足某种性质；当合并讨论时，却可能产生相反的结论。

举一个例子，假设 A 组有 1000 个男性访问和 200 个女性访问，转化率分别为 10% 和 75%；B 组有 200 个男性访问和 1000 个女性访问，转化率分别为 5% 和 50%，如图 7-21 所示。

性别	A 组访问	A 组转化	A 组转化率	B 组访问	B 组转化	B 组转化率
男性	1000	100	10%	200	10	5%
女性	200	150	75%	1000	500	50%
总计	1200	250	20.8%	1200	510	42.5%

图 7-21

如果把男性访问和女性访问分开看，A 组转化率分别明显高于 B 组，即 10% 高于 5%，75% 高于 50%；如果把男性访问和女性访问合并到一起看，那么 A 组转化率只有 20.8%，还不到 B 组转化率 42.5% 的 1/2。

所以，在进行 A/B 测试的过程中，需要特别注意分组的权重，消除分组基数差异造成的影响，让测试的样本能够真实反映整体的分布。

因为量与质不是等价的，量更加容易测量，所以人们总是习惯用量来评定好坏，但结果可能会没有抓住重点。

从辛普森悖论中可以得到一点启示：甲做了很多不重要的小事，乙做了少量非常重要的大事，最终甲取得的成就可能会远不如乙。这也是为什么要牢记二八法则，用 20% 的高效时间，重点做好那些能产生 80% 效果的重要事。

运用 A/B 测试模型也要遵循要事优先的原则，运用全局思维，优先做那些对业务影响比较大的测试，不要不分轻重缓急，眉毛胡子一把抓。

我们从小经历过各种各样的考试，大致都有这样的体会：从 0 分到 90 分，从 90 分到 99 分，再从 99 分到 100 分，这 3 个过程花费的时间是差不多的，但是分数越高，难度越大，效率越低。

在计算机软件开发领域，有一个九九定律，也称为 90-90 法则：前 90% 的代码要花费 90% 的开发时间，剩余的 10% 的代码要再花费 90% 的开发时间。

在进行 A/B 测试之前，可以先花费少量的时间，快速定位正确的方向，把细枝末节放一放（后面如果有必要再做优化也不迟），这样可以实现快速迭代，形成良性循环，从而获得更好的结果。

> ● **注意：** 数学有超越现实的美，现实中人类的行为和想法太过复杂，如投资经常失败的牛顿所说："我可以预测天体的运动，却无法预测人类的疯狂。"
>
> 在用数据化解难题的过程中，一种思维模型的应用可以增进自己对另一种模型的理解，这也是学习思维模型的一种额外收获。

线性回归模型

数据分析的最终目的是辅助决策，从而创造价值。线性回归模型可以帮助我们做出更好的决策，它是利用线性的方法，研究不同变量之间的关系。比如，广告费与商品销量之间的关系。

在线性回归模型中的两个变量，分别称为自变量和因变量，它们之间有逻辑上的主次之分，侧重于分析自变量给因变量带来的影响。

> ● 注意：需要注意的是，通过线性回归找到的关系，可能只是一种相关关系，并不一定是因果关系。因果关系的判定需要建立在经过实践检验的理论基础之上。比如，根据经济学的需求定律，当其他变量保持不变时，一种商品的需求量依赖于该商品的价格，当商品价格越高时，其需求量往往越低。

为了方便起见，我们通常用 y 表示因变量，x 表示自变量。最简单的线性回归是一元线性回归，可以用数学方程表示为

$$y = kx + b$$

如果用图形画出来，那么显示的是一条直线。比如，广告费与商品销量具有很强的线性关系，运用线性回归方程可以根据广告费的预算，大致估计出商品的销量，这有助于制订更加合理的销售目标，如图 7-22 所示。

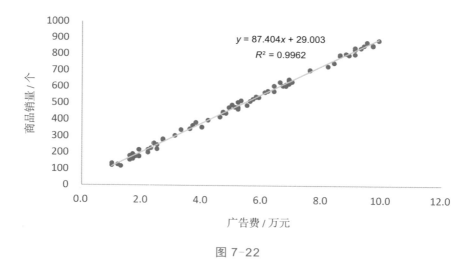

图 7-22

有经验的数据分析师，在提出建议时会给出多个选项。比如，如果投入这么多的资源，那么预期目标产出可以这么多；如果想减少资源的投入，

那么预期目标产出可以那么多。这样领导在做决策时，会方便很多。

> **● 注意：** 需要注意的是，线性回归模型有其适用的范围，如商品的销量并不能无限地增长，当广告费增加到一定程度时，销量的增长速度肯定会放缓。

在进行数据分析时，在大胆假设的基础上，一定要小心求证。虽然线性回归模型很有用，但是我们要避免直线思维，因为在现实中有很多事情，并不是按照直线的规律来发展的。比如，传染病的传播，刚开始很多人以为感染的人数不多，没有引起足够的重视，结果有可能会付出惨重的代价。

为了克服直线思维的本能，对于潜在的巨大风险，我们一定要保持高度的警惕。随着技术的快速发展，工具应用类的技术门槛将变得越来越低，很多人的工作将由机器完成。学习、思考、运用思维模型，积极应对未来的变化，是我们应对潜在风险的一种有效策略。

本 章 复 盘

本章介绍了数据分析的 20 种思维模型，分成 3 个大类：理解现状类、分析原因类和预测未来类。

理解现状类思维模型有 7 种：正态分布模型、幂律分布模型、帕累托分析模型、本福特分析模型、同期群分析模型、SWOT 分析模型、PEST 分析模型。

分析原因类思维模型有 7 种：杜邦分析模型、矩阵分析模型、RFM 分析模型、销售漏斗模型、聚类分析模型、KANO 分析模型、标杆分析模型。

预测未来类思维模型有 6 种：决策树分析模型、生命周期模型、福格行为模型、夏普利值模型、A/B 测试模型、线性回归模型。

以上 20 种思维模型，都是作者认为比较重要的。

读者对思维模型感兴趣可以自行探索其他的思维模型，如果在探索过程中遇到任何问题，欢迎到作者的微信公众号中进行交流。

后　　记

在这本书的初稿中，本来包含大量的 Python 实战代码，但是作者在修改书稿的过程中发现，如果把这些代码都印刷出来，不仅浪费纸张，而且读者使用代码的效率低，不利于读者进行实践操作的练习。

所以，作者把 Python 实战代码全部删除，只保留数据分析的思维、工具、方法和模型等内容，希望这些保留下来的内容放到 10 年以后再看，仍有参考价值。

如果读者对数据化分析的 Python 实战代码感兴趣，请在微信公众号搜索"林骥"（ID：linjiwx），关注之后，发送"代码"，就可以下载相关的 Python 代码和数据文件。

另外，数据分析的思维模型还有很多，作者计划在微信公众号上总结 100 种思维模型，本书按照二八法则，精选 20 种作者认为比较重要的思维模型。如果读者想要了解更多思维模型，可以在微信公众号"林骥"（ID：linjiwx）上发送"模型"，就可以查看作者总结的思维模型文章合集。

学无止境，期待在未来学习的道路上，还有机会与你再次相遇。

提升数据分析能力的关键是要经过实践的锻炼。如果你能够马上行动起来，运用所学的知识化解现实中的难题，真正让分析变得更加有效，那么本书的目标就达到了。

种下一棵树最好的时间是 10 年前，其次就是现在。数据分析能力的培养也是如此，祝愿你成为一个行动派。

尽管作者为本书付出了许多心力，但受自身能力和时间所限，书中肯定存在不足或疏漏之处，期待读者给予反馈与指正。

致　　谢

感谢电子工业出版社的编辑王静，给了我很多帮助和指导。

感谢我的读者，给了我很多积极正面的反馈。

感谢我的老师、朋友和同事，给了我很多有价值的经验。

感谢我的妻子，给了我很多理解和支持。

感谢我的女儿，给了我很多欢乐和动力。

感谢我的父母，给了我很多幸福和温暖。

林　　骥

参 考 文 献

[1] 芭芭拉·明托. 金字塔原理 [M]. 汪洱，高愉，译. 海口：南海出版公司，2010.

[2] 刘润. 每个人的商学院 [M]. 北京：中信出版集团，2019.

[3] 刘思喆，公众号文章：数据师的生存手记

[4] 柏木吉基. 如何用数据解决实际问题 [M]. 赵媛，译. 南昌：江西人民出版社，2018.

[5] 秋叶. 高效学习 7 堂课 [M]. 北京：人民邮电出版社，2020.

[6] 陈海贤. 了不起的我 [M]. 北京：台海出版社，2019.

[7] 刘万祥. Excel 图表之道 [M]. 北京：电子工业出版社，2010.

[8] 采铜. 精进 2：解锁万物的心智进化法 [M]. 南京：江苏凤凰文艺出版社，2019.

[9] 古龙. 七种武器 [M]. 西安：太白文艺出版社，2001.

[10] 威廉·戴蒙. 目标感 [M]. 成实，张凌燕，译. 北京：国际文化出版公司，2020.

[11] 萨尔斯伯格. 女士品茶 [M]. 刘清山，译. 北京：中国统计出版社，2004.

[12] 阿利斯泰尔·克罗尔，本杰明·尤科维奇. 精益数据分析 [M]. 韩知白，王鹤达，译. 北京：人民邮电出版社，2014.

[13] 斯科特·普劳斯 . 决策与判断 [M]. 施俊琦，王星，译 . 北京：人民邮电出版社，2020.

[14] 彼得·考夫曼 . 穷查理宝典 [M]. 李继宏，译 . 北京：中信出版集团，2016.

[15] 杰弗里·韦斯特 . 规模 [M]. 张培，译 . 北京：中信出版集团，2018.

[16] 罗伯特·特威格尔 . 微精通 [M]. 欣玫，译 . 南昌：江西人民出版社，2018.

[17] 史蒂芬·柯维 . 高效能人士的七个习惯 [M]. 高新勇，王亦兵，葛雪蕾，译 . 北京：中国青年出版社，2018.

[18] 尼·奥斯特洛夫斯基 . 钢铁是怎样炼成的 [M]. 梅益，译 . 北京：人民文学出版社，2015.

[19] 彼得·德鲁克 . 卓有成效的管理者 [M]. 许是详，译 . 北京：机械工业出版社，2018.

[20] 约翰·杜尔 . 这就是OKR[M]. 曹仰锋，王永贵，译 . 北京: 中信出版集团，2018.

[21]B.J. 福格 . 福格行为模型 [M]. 徐毅，译 . 天津：天津科学技术出版社，2021.

好书分享：助你技术升级、思维升级、认知升级

《企业经营数据分析：思路、方法、应用与工具》
用数据治理企业、改变企业！
- 在海量的数据中发现价值
- 分析数据产生差异或者没有差异的原因
- 找到事物的关键要素和非关键要素

《商业分析全攻略：用数据分析解决商业问题》
将"数据分析"与"商业问题"结合，揭秘商业分析的底层逻辑
理解商业模式，了解各业务部门对数据分析的需求 ·
切级分析方法，站在业务视角，全面解读数据含义 ·
中级分析方法，建立系统的业务评估、监控、诊断模型 ·
高级分析方法，攻破预测、多影响归因等复杂问题 ·
商业问题实战，看真实场景数据分析如何发挥作用 ·

《工作型图表设计：实用的职场图表定制与设计法则》
不同的商业场景下，选对合适的图表，才能迅速、有效地传达信息并产生价值
- 10 年图表学习和制作经验的总结与分享
- 适用政府类、企业类、新闻类等各种报告
- 基础知识 + 实战分析，职场人士的好拍档

《管理者的数据能力晋级》
学会管理数据、分析数据、运用数据
用数据回答"发生了什么" ·
用数据回答"为什么发生" ·
用数据回答"将要发生什么" ·
用数据回答"应该怎么做" ·

《数据治理：工业企业数字化转型之道》
工业大数据应用技术国家工程实验室多年重要科研成果的总结和凝聚
- 一本数据从业者都需要的工作指南
- 14 个工业案例，均来自企业真实案例
- 既具有国际性理论高度，也具备面向中国工业企业的实操性
- 数据治理领域经典教材

《数据标准化：企业数据治理的基石》
工业大数据应用技术国家工程实验室多年重要科研成果的总结和凝聚
为各行业企业提供参考和指引 ·
经过实践检验的方法论 ·
构建完整的数据治理知识体系 ·

《数据化分析：用数据化解难题，让分析更加有效》
用数据化解难题，让分析更加有效，用数据赋能成长
- 掌握数据分析的思维和工具
- 去伪存真、化繁为简
- 通过现象看本质，找到问题的根本原因，进而睿智地解决问题

《DAX 权威指南：运用 Power BI、SQL Server Analysis Services 和 Excel 实现商业智能分析》
本书的目的，让你真正掌握 DAX！
商业智能语言 DAX 经典教材 ·
资深微软 BI 专家打造 ·
微软出版社官方出品 ·